Le Corbusier

勒·柯布西耶 1934~1938年

勒·柯布西耶全集

第3卷·1934~1938年

Le Corbusier Complete Works
Volume 3 · 1934~1938

[瑞士] 马克思·比尔　编著
牛燕芳　程　超　译

中国建筑工业出版社

著作权合同登记图字：01-2004-4353 号

图书在版编目（CIP）数据

勒·柯布西耶全集．第 3 卷，1934～1938 年／（瑞士）比尔编著；牛燕芳，程超译．—北京：中国建筑工业出版社，2005（2023.8 重印）
ISBN 978-7-112-07250-7

Ⅰ．勒… Ⅱ．①比…②牛…③程… Ⅲ．建筑设计 - 理论 Ⅳ．TU201

中国版本图书馆 CIP 数据核字（2005）第 015246 号

Copyright © 1995 Birkhäuser Verlag AG（Verlag für Architektur），P. O. Box 133，
4010 Basel，Switzerland
© Fondation Le Corbusier，8，Square du Docteur–Blanche，75016 Paris，France
All rights reserved
Le Corbusier Complete Works/M. Bill（Ed.）

本书由瑞士 Birkhäuser Verlag AG 出版社授权翻译出版

策　　划：张惠珍
责任编辑：孙书妍
责任设计：刘向阳
责任校对：李志瑛　赵明霞

勒·柯布西耶全集

第 3 卷 · 1934～1938 年
Le Corbusier Complete Works
Volume 3 · 1934～1938
[瑞士] 马克思·比尔　编著
牛燕芳　程　超　译

*

中国建筑工业出版社出版、发行（北京西郊百万庄）
各地新华书店、建筑书店经销
北京云浩印刷有限责任公司印刷

*

开本：889×1194 毫米　横 1/16　印张：$10\frac{1}{4}$　字数：500 千字
2005 年 6 月第一版　2023 年 8 月第八次印刷
定价：40.00 元（全套 8 卷　总定价：396.00 元）
ISBN 978-7-112-07250-7
（13204）

版权所有　翻印必究
如有印装质量问题，可寄本社退换
（邮政编码 100037）

目 录

序言	7	
勒·柯布西耶：生物学家，社会学家	9	
《关于福特的思考》	13	
《巨大的浪费》	15	
讷穆尔的城市化，北非，1934年	18	
"光辉城市"居住区的一个局部，1935年	22	
海洛考特的城市化，1935年	28	
Zlin谷的控制性规划方案，1935年	30	
关于当代城市规划构成要素的研究，		
里约热内卢，1936年	32	
巴西大学城规划，里约热内卢，1936年	34	
"巴黎1937规划"，1936年	38	
不洁的住宅群No.6，巴黎，1936年	40	
St-Cloud桥头的城市化，塞纳河畔的		
布洛涅区，1938年	48	
指导性规划，布宜诺斯艾利斯，1938年	50	
《当局不知情》	52	
《给曼哈顿的建议》	53	

笛卡儿摩天楼	58
国家教育与公共卫生部大厦，里约热内卢，1936年	62
巴黎城市及国家博物馆方案，1935年	66
10万人国民欢庆中心方案，巴黎，1936~1937年	74
激浪泳场方案，业主Badjarah，阿尔及尔，1935年	82
讷穆尔的拓殖建筑，北非，1935年	84
Fabert大街出租公寓，巴黎，1935年	86
阿尔及尔城市化续篇（商业城），1938年	87
农田改组：合作村庄，1934~1938年	88
Bat'a专卖店（标准化），1936年	100
青年公寓的家具构成，布鲁塞尔博览会，1935年	106
巴黎市郊的一栋周末住宅，1935年	108
"我的家"，1929年	115
芝加哥一位中学校长的寓所方案，1935年	116

Mathes（临海）住宅，1935年	118
巴黎1937年国际博览会，1932~1936年	
方案A：温森纳国际居住展（1932年）	124
方案B：凯勒芒棱堡的一个居住单位（1934~1935年）	132
方案C：当代审美中心（1935年）	136
"原始"艺术展，1935年	141
方案D：迈罗门的新时代馆，1936年	142
巴黎国际博览会"Bat'a"展馆方案，1937年	154
"水季"，列日博览会，1939年	156
旧金山或列日的法国馆方案，1939年	157
勒·柯布西耶全集 8卷总目录（按年代排序）	159

照片由 Schuh, Zollikon 提供

序 言

本书构成《勒·柯布西耶全集》系列之第3卷，出版于柯布50岁生日后不久。当意识到柯布的活动范围及影响时，人们不禁要惊讶，20年左右的时间跨度，他竟然完成了如此广泛、如此丰富、并总带有新鲜启发色彩的工作。这使他的名字成为当代艺术中最孚众望的一个；无需怀疑，甚至可以完全肯定，任何一位艺术家，在其有生之年，既不会比今日之建筑师柯布更著名，亦不会比今日之建筑师柯布更具争议性。在大众心目中，他开创了一种全新的风格——"柯布风格"。风格，这个对柯布多少有些不幸的词，其实源于大众对他所采用的建筑形式的不理解。

为什么柯布会如此著名呢？要回答这个问题，就要同时认识柯布作品有力和无力的一面。

付出诚实、精确、技术上无懈可击的劳动，一心只管盖房子——这是建筑师的传统，然而柯布与之有着本质上的区别。他当然也秉承这一朴实的宗旨，但远不止于此。他论战，他宣传他的思想，他把原则树立成口号。这些口号从斗争的沸水中冒出来，随即便以百种方式被曲解，但经受了来自四面八方的打击后，它们又冒出来，误会越积越深，终于引发了舆论的不满。于私，这是对柯布巨大的损伤；于公，这是对整个现代建筑的巨大损伤。他探讨建筑的基础，他探讨空间，他探讨所有能想到的人类生活的方方面面，继而，他将这全部的哲学思考融入他的建筑。于是，从本质上，他的作品成为一种建筑哲学，他的文章成为对陈规陋习的针砭，他的反思成为以新的方式正视建筑现实的根据，其所用心不仅是独善其身。

这并非出人意料，如此充沛的活力在他的身边营造出一种独特的氛围，它鼓舞精神，它刺激思考。然而，这种氛围的创造者却受到了猛烈的抨击：要诋毁他，没有什么手段算过于卑劣；同样，要使他凌驾于所有的批评之上，也没有什么赞誉言过其实。无疑，这一切造就了他的名望，但这名望与他的作品本身并不相关。不知疲倦地，工作在继续，新的要求明确了，新的问题成形了，它们开辟出新的道路，它们导向新的见所未见、闻所未闻的解决方案。

但近几年，人们不再仅仅是因为这普遍的名望而关注他；人们越来越渴望了解他的作品，认识他的成就。值苏黎世大学百年校庆之际，哲学院授予柯布名誉博士的称号，肯定了他作为一个空间设计者的辉煌成就。此举在一定程度上补偿了他所受到的不公正待遇——由于某些人为的原因，1939年将在苏黎世举办的瑞士国家博览会，柯布没有获得任何委托。

柯布对官方的封号怀有天然的不信任，于他，勋章只不过是纯粹的装饰，而且，这装饰有转移对建筑本身的注意力的危险。这便解释了柯布为什么在这几年中拒绝了荣誉勋位的十字勋章。

相反，他宁愿让自己致力于对建筑原则的更深入、更详尽的研究。

这几年，柯布和皮埃尔把大量精力投注到对悲惨现状进行改善的方案研究中。近来的城市规划作品是这些研究的结果，是名为"光辉城市"的连续的"进退式"居住区符合逻辑的发展。"光辉城市"往往被视为纪念性的，柯布在讷穆尔规划中则完全摆脱了这种连续的居住形式，而采用独立体块构成的居住单位，这使他在空间处理上获得了更大的自由。居住单位，相同的概念随后出现在"巴黎1937规划"方案B和Zlin谷的控制性规划方案中。

同一时期，柯布和皮埃尔在"不洁的住宅群No.6"的更新方案中，又一次采用了"光辉城市"的体系作为一种切实可行的方法，用以整治现存的贫民窟。"不洁的住宅群No.6"是"巴黎1937规划"的第一阶段。而"巴黎1937规划"正是巴黎"瓦赞规划"在现实世界中一次符合逻辑的投射。如果说，"瓦赞规划"——就当时的想法——是柯布构想的一个现代城市的理想模型，那么"巴黎1937规划"就是对这一理想模型的修正，由此，迫切需要的巴黎重整可以立即启动，而不需要将整个巴黎推倒重来。要用新的居住区替代旧的居住区，要为交通开辟新的道路，要种植成片成片的树木，创建青葱翠绿的开阔地，以此来为城市植入必需的"肺"——今日，如果正视这些问题，那么恐怕除了柯布和皮埃尔在"巴黎1937规划"中提出的解决方案，人们再也看不到其他的可能性了。如果说，在重建曼哈顿的建议中，柯布的建筑哲学又一次以纯理论的形式出现，那么"巴黎1937规划"就是对这些理论的补充，它是一个基于既存现实的具体提案。

关于城市规划的大部分研究都与"巴黎1937年国际博览会"密不可分。为了这次博览会，柯布和皮埃尔连续呈递了3份细致深入的方案，然而，它们一个接一个地遭到拒绝。

方案A建议兴建一个完整的居住区，用以举办展览。柯布建议将其命名为"国际居住展"，作为"国际博览会"的另一个标题，并建议委托CIAM（国际现代建筑协会）来筹划和组织。这个居住区将取代大型的国际展览馆。"巴黎1937规划"中所提出的建议被纳入这一方案，但这样一个试验的机会却被错过了。结果，兴办的是一场缺乏整体概念的展览，一场注定要被遗忘的展览。方案B遵循同样的思路，但规模较小，不奢望提出重组整个巴黎的解决方案。这一提案体量巨大，是一栋非临时性的展示建筑，用以呈现现代技术手段对居住问题的解答，展览结束之后，它将作为一个居住单位继续体现它的价值。但这个方案同样遭到拒绝。方案C，仍然建议创建非临时性的建筑。这一次，他们希望以经过修正的新形式来实现螺旋博物馆的构想［参见《勒·柯布西耶全集（第1卷·1910~1929年）》］。总之，就大型博览会的筹划和组织而言，这3个提案的出发点与延续至今的习惯做法大相径庭。按照通常的做法，展览一过，展馆也就听任拆除；然而在这几个方案中，建筑将在展览结束后用于居住，因而建造它们所投入的资金没有虚掷。

这3个方案作为对居住问题的新的解答，同时也代表着开创和宣传一种新的居住形式的试验。我相信，这种新的居住形式的有效性将在未来得到证明，它的影响将超越展览的时间限制。

所有重大的博览会——1937年巴黎、1939年纽约、1939年苏黎世国家博览会——尽管其中不乏针对细节问题的有趣解答，但在整体上却缺乏有力标示未来发展方向的指导思想。尽管细节的实施之精细、之讲究也令人瞠目，尽管相互攀比的炫耀的表达方法也惹人关注，但无论离远离近，就是看不到一条控制性的原则；自然，更看不到作品持久的价值，或者类似的什么。认识到这一点是令人气馁的。不过，好歹这所费不赀的组织展览的方式再也无法维持。指导思想战胜虚假手段的时刻即将来临，建设性的思想将获得它理所应当的位置，清晰而考虑周密的设计将取代细节上的精雕细琢(那只不过是毫无意义的过分讲究)。为了将来的演进，柯布和皮埃尔的工作必不可少。有理由期望，终有一日，伪现代主义的幌子将被识破，将化为乌有，那时，更需要柯布和皮埃尔来实现他们的主张。也许这一刻已不再遥远：1942年罗马博览会，建设性的思想已经开始为人所接受；人们已经打算借此机会创建持久的价值。我们拭目以待……

无论如何，柯布和皮埃尔还是在"巴黎1937年国际博览会"上实现了一个作品——"新时代馆"。与上述的展馆形式相反，这个馆是典型的临时建筑。它回应了展览的直接目的之外的另一个目的：文化宣传。这个临时性的展馆并不企图成为别的什么，它就是个遮阳避雨的棚子。尽管从外部看不出任何追求不朽的野心，但它的内部却蕴有深意。在此，由柯布和皮埃尔以及他们来自世界各地的年轻合作伙伴们，通过不懈的努力共同创建的所有的理论和提案，都毫无保留地呈现在公众面前；在此，可以见到CIAM各个小组关于大城市整治所做的研究；在此，可以见到"巴黎1937规划"和"不洁的住宅群No.6"以宏大的篇幅展现在公众面前；在此，可以看到未来城市的各个要素：笛卡儿摩天楼，居住单位，体育场……在此，还可以看到"农田改组"及"合作村庄"的提案，其中提出了改革农业和农业生产的问题，它们朝着一个标准化的解决方案发展。柯布和皮埃尔对这些问题的解决并非局限于功能主义，他们的解决方案根植于建筑创造的沃土，为建设性的思想赋予造型艺术的表达方式。

在序言这短短的篇幅内，不可能详细地描绘甚至不可能一一列举柯布和皮埃尔在过去几年中所做的全部方案。其中许多方案仅仅是勾勒出骨架，有待日后更为充分地发展。正因如此，柯布和皮埃尔常常遭到批评。然而，应当明确指出的是，这些想法的实现无疑具有重大的意义，它们的实现指日可待。相反，那些虚假的方案，无论得到多么完整的实现，也无法掩饰其指导思想的缺陷。

大量理想方案被提出，被修正，被发展，柯布和皮埃尔从不停歇，他们的工作把美好、光明、规模宏大的花园城市的形象预先呈现在我们面前——明日城市。这个形象是柯布和皮埃尔带给我们的。这美好的形象仍要通过一个居住区来具体实现，为此他们给出了提案。这些提案比我们目前所见到的都更有价值；它们远胜于今日亟待治理的那些不幸的居住区；它们比大部分新近仍照旧方法建造的居住区都更优秀。每个认真检视过这些方案的人都会清楚地认识到这一点。

但为什么这些方案没有被实现呢？原因是多种多样的，而不在于方案本身。人们应当理解，对于规模宏大的方案的实施，目前尚缺乏必要的条件，还不存在实现这些方案所必须的土地所有制形态。除非对土地所有制作必要的调整，否则无论是理想城市还是任何其他试图解决问题的尝试都将化为泡影。越来越多的人持有这一观点：如果土地所有制改革能够发生，那不是靠专断的征用措施或者其他的没收手段，而是通过回购，并结合有年限的建造特许权使土地逐步返还为公有财产。中世纪城市以及英国花园城市的发展历史都印证了这种观点。另一方面，由于实现这些方案的法律基础并不存在，除非建立新的秩序，否则理想城市的设计仍然只是个理想，是一项无利可图的工作。这项工作是为了集体而不是为了投机商的利益，但资金在投机商手里，集体所拥有的只是债务。对柯布和皮埃尔而言，时机并不成熟，理想城市的实现尚待时日。

然而，在为个体业主所做的项目中已经取得了某些进展——尤其是小住宅。在这方面，柯布永远是个能手。Mandrot女士别墅[见《勒·柯布西耶全集（第2卷·1929～1934年）》]中显现出来的发展趋势，在近几年实现的两栋小住宅中得到延续。"周末住宅"像山丘与岩穴般与风景融为一体：树木环抱，绿草之下，绿草之中，一栋由砾石和玻璃构成的房屋，创造出极为丰富的建筑感受。"Mathes（临海）住宅"，材料是砾石和木头，将现代感融入农民住宅的简朴，极为自然，丝毫没有浪漫主义的造作。在这几个小方案中，人性化的本质特征源于以人体尺度为基础的建造，对于那些乐于指责柯布的大方案为非人性和超尺度的人，这便是最好的回应。因为，无论方案大小，其自身所表现出的精神都是一样的，其本质都是创造的意志利用一切手段创建场所。在其中各种各样的人可以工作，可以居住，可以休息，可以在尽可能优越的外部条件下，修身养性，冥思默想。

马克思·比尔，建筑师
1938年11月，苏黎世

勒·柯布西耶：生物学家，社会学家

这篇文章是皮埃尔·温特（Pierre Winter）博士为1936年2月法兰西学院的一场柯布西耶欢迎会所撰写的发言稿。会议以诗人Jean Dolent的一段赞美词开场。当主席宣布介绍柯布的时候，已经迟了；柯布插话，他表示，在如此诗意的情感抒发之后，再忍受新的颂扬的浪潮会使听众疲惫。他站起身，带着他的"介绍人"一同离开了法兰西学院，临走之前，他向主席表达了谢意。

介绍柯布，真是一件令人愉快的事——这是一个美好的主题。

今晚，我想与大家，与那些老朋友，共同分享这份快乐。

介绍将分段进行——这剖析和剪辑为艺术史学家、律师或是医生所热衷——但我们将不会破坏人物完美的统一。

柯布是完整的——不存在一丝裂痕——只是为了演讲的方便，为了演说的安排，才可以解析。

勒·柯布西耶，建筑师、画家、诗人，融为一体，不可分离；但这还比不上我将向你们介绍的这位那般著名：勒·柯布西耶，*生物学家*，*社会学家*，一位有望夺冠的运动员……这些标签于他的朴实而言，恐怕是显得过于浮夸了（散场之后，他一定会指责我）。

我将向你们介绍我所了解的日常生活中朴实的柯布——就把柯布1914年之前的传记复原工作留给其他人吧——出生，美好的学生生活……我将从他26岁开始，那是我所知道的起点：他起飞了，在一片美好的土地上，完全靠自己——融入生活，充满激情，又不乏理性。

尽管我并不想把时间浪费在过去——柯布所有的作品都是向着未来的大规模猛烈投射。在这个国家，未来摆在我们面前的空白尚待新的建筑来填补，但为了热身，在这个自由介绍的开端，我不能放弃对那段日子的回忆，于我……

于我持久的仰慕和友谊……那是柯布真正诞生的日子。

1920年《新精神》创刊：我们都好像年轻了5岁（新的生活开始了）——真正的生活——是创造而非毁灭。《新精神》给我们带来了怎样的热情！在团体中，我们重建了1914年以来濒临断绝的友谊。我们一起大声地朗读——从第一页到最后一页（第一期封面上一个绿色的、大写的"1"）——爱不释手。

最后，我们提出，我们表达了一种新时代的精神——是对仍处于离散状态的所有创造活动的综合。

赝品艺术陷入了绝境——它远离了在我们眼前展开的事件——它滞留于1900年小资的丑陋之中，终于，它遭到当头一棒，再也爬不起来。

机械化、技术、科学，带着它们的巨轮、汽车、飞机、工厂、水坝、体育场……一起涌上来，在一本艺术杂志中，年轻的画家、雕塑家、音乐家，还有诗人……大家亲如兄弟！

多么迫切地需要更新，多么迫切地需要提纯！回到充满活力的审美，回到永恒的健康之源，该有多么美好……我们中已有人预感到了这种审美的诞生，并终于鼓起勇气做出断言。

多么美好的开端——一上来就被《新精神》的宣言吸引住了——在抑郁的前些年，我所有的专注和思考，都与它紧紧地联系在一起。柯布在《走向新建筑》中所写的，确实不属于我所熟悉的生物学、科学与体育的范畴……但，面对普遍的不理解，面对官方学校的学院派作风，我感到无法容忍，我感到怒不可遏——是的，要走向新建筑！走向新的生活设施……走向新的健康……走向新的健康人的医学……走向新的社会法规……解放今天的人。

就这样，在交流中，在讨论中，在协作中，我与柯布一同涉猎体育、生物学和社会学的问题……这交流、讨论和协作，沿着《新精神》第一期所开辟的路线发展，从不曾间断——现在，让我们给杂志的创办者奥赞方（Ozenfant），德梅（Dermée）和柯布一个公正的评价：这的确是一份前无古人后也未必有来者的杂志，让我们感激吧，他们已经敲响了重整之鼓……

此前只有散乱的朦胧的愿望，如今却掀起了一场革命——一场仍在持续的革命。

下面，按照年代，我将向你们介绍一个热爱体育运动的柯布——一个不为人知的运动员，我相信，这有助于他的自我发现。

我们第一次见面是在Astorg大街的工作室里。我带来一篇名为《新的身体》的文章。早在新兴的体育文学出现之前，此文就颂扬身体的快乐，并明确其在现代生活中真正的意义和位置；早在卡雷尔[1]最近的新书出版之前，此文就呼吁对身体的基本认识，指出应用生物学和人类学服务对于我们日常生活的必要性……

我认为我面前的这个柯布一定不爱运动。他轻视自己的身体，以为那是"一张饼"。他夜以继日地工作，一周7天，废寝忘食，甚至忘了自己的血肉和呼吸。但出人意料的是，事实并非如此。对于医生发明的整治病人的方法，他满心抱怨，宁愿祈求稀奇古怪的神明。我给他讲了些保健的小常识——当心身体，注意睡眠，锻炼身体——可我的嘱咐他似乎根本没有听进去……但，一天晚上，他来到了体育场……自此，16年来从未间断，我们在那儿痛痛快快地打篮球，每周两次。

在此期间，他还发掘了长跑的天赋——他喜欢跑步。近几年来，他还改进了他的游泳术——全靠他一个人慢慢地摸索。

这是个坚毅的、充满活力的、不知疲倦的家伙——他体能相当好。以前我总以为只有那些上身魁梧、肩宽背厚的人才算得上强健，如今我可不这么认为——柯布每年都刷新自己的纪录……我没有义务在此向你们透露他的年龄，但今晚在座的各位：诗人，画家，文学家……你们尽可以与柯布较量较量……这是他的机会！

这一切对生物学家柯布的形成相当重要。但作为一名生物学家，首要的是要懂得观察生活——搞生物学就如同写散文。柯布总是昂着头，保持着警觉，以他那持续不懈的贪婪注视着现实生活的方方面面。

尽管我今天的任务不是谈论柯布与天空的联系——作为诗人和思想家的柯布——但我可以向你们展现柯布与大地不可思议的联系，那里是他所有建筑作品的摇篮。适用于人的房屋，组织起来的城市……他所有的研究就在于对人类活动的归类，对城市交通的组织，安排有效的休息，设计生活的快乐——思考源自观察，充满耐

---

[1] 亚历克西·卡雷尔（Alexis Carrel, 1873~1944年），法国生理学及外科医学家，凭借在显微解剖学领域作出的贡献，1912年荣获诺贝尔医学奖，1936年出版著作《人，未知的存在》。——译注

心、智慧和爱，他注视着今日人类的生活。柯布所有与大地相关联的作品，与人相关联的作品，都已深深地把根扎入无懈可击的真理的土壤——这便是生物学。在他最近出版的《光辉城市》一书中，他写道："愿本书为心灵找到出路！"早在他写下这句话之前，他已经为我们的心灵，为今天在座的许多人的心灵开辟了道路——因为，他所有的创造都源于爱的感召……

联系着鲜活的现实，联系着突突跳动的人类的心——柯布从未斩断联系着他与大地的这根脐带，这同样可以解释他的平面、剖面和草图，解释它们的诞生和其与日俱增的和谐！

在那里——我们、他和我——拥有一个稳固的交流与理解的平台——如果我医生的威信尚有所值，我将它全部用以担保这一断言——这也是我今晚发言的中心：是的，柯布是个生物学家。我指的不是那些学院的大人物，他们知道我们与某些微生物之间密切联系的法则；我所指的是孜孜不倦探求自然伟大法则的人——正是这些伟大的法则决定了我们在这个星球上的生存。任何人，任何事物都不可以违背这些法则。否则，将以混乱、无序、痛苦、疾病甚至死亡为代价。柯布全部的作品都围绕着这一通俗的生物学——与那些呆在实验室里，甚至把现实文明都置于脑后的学者的生物学不同——柯布的生物学将可用以安排我们日常的作息，用以确保我们的心情，用以振奋我们的精神……

探询"空气……声音……光"，柯布，（人们可以说）他是建筑师，他是重新发现光的建筑师，他是懂得"安静"的绝对必要性的建筑师……但还用我再多说什么吗？让我们随便列举他书中的几个标题：

"高效的家庭……"

"生活……呼吸"

"生活……居住"

"情感流露……"

"基本的快乐……"

"光辉农场……"

"建筑还是革命……"

当我们阅读柯布的文字，当我们被他那散发着人性光芒的抒情表述所征服，当我们与他共度几个小时，有没有搞错，介绍柯布？何必呢？他自己介绍自己——是力量、是生气——而我们要做的只是接受，只是理解。这千真万确，没有疑义。

或者我们自欺——我们嫉妒，我们有毛病，我们没心没肺——于是还得反反复复地介绍他，柯布……啊！是的……批量生产的住宅，多米诺方盒子，居住的机器，兵营似的生活……精确的呼吸！全部的创作只有一个目的——人、工作与休闲的和谐平衡，个性的解放……井然有序，杜绝一切不必要的使人筋疲力尽的畸化的生活……"需要的只是和谐"——他重申。

批量生产的住宅……是的，为了花钱少又住得好——在这方面，无政府的个人主义正是我们受奴役的根源。在住宅中，在它的给养供应、卫生保健中，适当地组织一些集体机构是相当有益的——这花不了多少钱，人们可以立即施行……精确的呼吸——这是必不可少的，因为陈腐的城市已经污染了空气……

所有这些都服务于一种生物：人。抱着不懈的关注，柯布对待他就如同对待自己的兄弟。看到人们在如此的混乱、简陋、疲乏和丑恶之中生活，真是令人痛心！然而改变这一切，只需要一个决定。这不涉及诗，而只涉及实实在在的建筑。关于这围绕着人展开的大量艰辛的工作，我还有什么好说的呢？控制线，对自然环境的尊重，阳光下表面与体量的逻辑的展开——绽放出一种真实的美。尽管我们的眼睛还拒绝去理解它，但这是普遍适用的、纯朴的美……这有益于事物之间的联系，为我们快乐所必须，它激发我们的快乐……不过，我不能再往下说了，我正触及柯布作为诗人的层面，谈论它不是我的职责。我所要做的仅仅是得出结论，并为他，柯布，加冕一顶生物学家的桂冠。

我个人曾写过一篇题为"自然法则支配设计"的文章。

自然法则所支配的设计——在城市规划领域——柯布、皮埃尔和他们的协作者已将其全部呈现出来。从生物学的角度看，这些精确的规划可以满足各种需求。活动的场地很开阔，孩子们在那里可以找到必要的环境，好锻炼他们的身体，好让他们接受为生活做准备的教育和训练。预防医学及其相关的机构在此都得到了考虑——一个完整的框架已经勾勒出来——就要发挥它的作用，就要拔地而起……我们重申：只要行动！

但，在这里——中止——没有行动，停滞……人们一步也不愿向前挪……人们不实施，人们什么也不建。为什么？

关注日常的问题，理解了所有阻碍实施的障碍的本质，他，柯布，他学会"不破不立"。他是个革命者，比任何其他自诩的革命者更革命。面对我们这样一个非人性的社会，不懂得循着心灵之路行走的人便不能容忍他的反叛，正是这反叛决定了他的思想和行动。他反对被滥用的权力——政治和金钱的权力，他反对私有制和陈旧的罗马式的司法章程，他反对一切行动都以利益为中心的经济自由主义。

然而，他把决定明天制度模式的任务留给了其他人，他坦率地拒绝了——人们却指责他，指责他搀和这场他不胜任的工作（他们如是说）。他有意与党派的热情保持距离。尽管在莫斯科，人们把他当作法西斯；在罗马，人们把他当作共产党；在法国，一会儿这样，一会儿那样，人们给他扣上各式各样的帽子……可他还是他自己，他清醒地知道自己想要什么，知道自己该做什么，他明确人类最基本的需要。他仍旧无拘无束地盖房子。至于由谁来给工地下开工的命令，他无所谓……

当他拒绝与那些仅以物质利益为驱动的集团合作时，当他揭穿那些赐给他伙计或者学徒席位的伪学会时，当他揭穿伪大师，当他拒绝荣誉勋位并与部长闹翻时，当他宁可放弃委托也不肯辱没或歪曲自己的设计方案时，他，柯布，只不过是保持了自己的本色。坚实，强硬，一个说话不会拐弯抹角的家伙——他灵敏地嗅出了那些骗子、伪先知、伪君子，那些巧言令色者；在官方大人物昂特尔（Untel）先生面前，他直言不讳地抛出了他那令人瞠目结舌但又无可辩驳的论据。他想要什么，我们是了解的，他所想要的是创造，是证明；他想要一个房子，一个城市，一个地区，整个国家！

柯布从不妥协，对待他的思想一如对待他的朋友。因此，他的朋友维持在一个独立而完整的阵营之中。

时间在流逝……我们将走出这**黑夜**么？我们将进入新的循环么？柯布同我们一起发问。在与时代的冒险同节奏的波浪线上，有峰也有谷……他在思考，思考他自己的曲线以及他周围的人们的曲线是否蕴涵着新的力量，思考在其中是否可以找到和谐的时刻、联系的时刻……没人知道答案——但时间饱含希望——幸而，运动员每季都焕发新的青春，刷新自己的纪录……诗人，是他的本色……画家，每个上午和每个周日他都用来绘画——作为形式与色彩的崇拜者，他在感官与身体——那源自大地的焦虑——之中抗争……它们折磨着他……他却与它们游戏……征服它们……他将那只有他自己才理解的法则强有力地施加于它们，并最终涂抹在画布上。它们期待着……在他身旁，在这位建筑师身旁；而他，他也期待着……

让我们痛快地预言吧：该写的写了，该画的画了，该开辟的开辟了，该建造的必将建造。柯布，冷静地期待着，持守着他新鲜的思想和心灵，开辟着不懈进步的事业。他所服务的（也是我们所服务的），是个巨人，是个虽艰难但必定实现的目标，即，明日的世界。巨人似乎还在沉睡，但《新精神》的宣言已将它从沉睡中唤醒，它酝酿，它憧憬……

柯布……这时代迫近了……也许只需要一个火花！

P·温特

1936年2月，巴黎

《关于福特的思考》

……"当大教堂是白色的时候，合作曾是全面的。"

我从底特律的福特（Ford）汽车工厂离开。作为一名建筑师，我陷入了一种惊愕。在工地，当我拿出一沓10张1000法郎的钞票，这些钱都用上，连一个简单的房间也盖不起来！而在这里，同样的10张钞票，福特将交给您一辆久负盛名的魅力十足的轿车。目前的福特已经掌握了最先进的汽车生产技术。10张1000法郎的钞票，这全部的机器的魅力就归您所有！而在我的工地上，工人们一斧、一镐、一榔头；又锯、又刨，误差时大时小。一边是未开化，另一边是——福特工厂——现代化。我目睹了流水线上汽车的装配：一天6000辆小汽车！45秒一辆，不出丝毫的纰漏。在流水线的末端，机械员轮流进行操作：上来，坐下，按下启动按钮。紧张得透不过气来，人们心想："一定会出差错吧！将不能启动吧！"那是杞人忧天，根本不会出任何差错。就是这样。光洁，完美，没有油渍，没有花斑，在那明亮如镜的罩光漆上，连一个手指印都找不到，一辆接着一辆，汽车出现在我们面前。像神话一般，一眨眼，它们便飞驰在我们的生活中！

今晚我在匡溪（Cranbrook）学院讲到：

"这紧扣当今建筑的戏剧性冲突是这样发生的，即，'建筑业'仍然呆立在进步的道路之外。在福特工厂，是全面的合作，是统一的观点，是统一的目标；全部思想、全部行动凝聚成完美的合力。而我们，我们建筑业所有的仅仅是矛盾，是敌对，是离散，是观点的分歧，是目标的不统一！我们在原地踏步。我们所费不赀：建筑业是个奢侈的行业，整个社会仍居住在简陋与污秽中。或者，即使倾尽钱财来建造，换来的仍是令人气馁的不可靠。看到了吧，建筑产品不入现代之流。

拿起一支蓝色的粉笔，我画出箭头A，写上：个体的自由。

拿起一支红色的粉笔，向着相反的方向，我画出箭头B，写上：集体的力量。

在两个力的作用下，建筑原地不动。停滞，源于目标的不合。

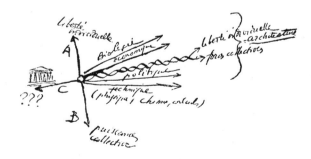

继续。这个紫色的逆向箭头C代表什么？让我们用它来象征一种古典的建筑秩序；我画了一个三角楣。这个三角楣在这儿做什么？我不知道。这是一件纪念品，纪念一场结束于500、1000或2000年前的活动。但，这是严酷的事实：

它遍布整个世界——是怠惰,是倒退,是胆怯的象征——它扭曲行动,破坏事业,阻碍建筑的道路。我写上3个问号,因为我不理解,因为,自从我睁开眼睛看建筑,我就在问这个问题,始终没有找到答案。

这样的3个箭头:A,B,C,它们相互冲突,它们不仅不满足于让建筑原地不动,还把建筑向后拉。

透过福特,我思考:

建筑?建造庇护场所。为谁?为人。这就是纲。如何在可达成的现实中表达这一纲要呢?利用技术,制定方案。制定今天就能实现的方案,运用现有的材料和设备,回应人(心理-生理学实体)的基本需要。在哪里把方案的潜在转化为具体的成果呢?在工厂中,在服从工业生产严格管制的数不胜数的车间里。如何给这革命性的创举注入精神呢?通过建筑,它是时代精神的表达。新的时代已经来临。

由此,基于生机勃勃的现时代,一个有繁殖能力的学说建立起来:

a) 纲要;
b) 技术;
c) 工厂,车间;
d) 建筑,城市规划。

再次拿起粉笔。

蓝色,一个长长的、轨迹弯弯曲曲的箭头,表示探寻、摸索以及永不安于现状的创造的步伐——面向未来,背对过去。这是个体的调查研究,是最出人意料的发现。

红色,一个类似的箭头,它与前一个箭头时刻保持关联:这是集体的创举,或小或大;这是互助的事业,或小或大;这是协作,是联合,是激情,是神圣的狂热……

接下来,深蓝色,生物学(确定性)。

褐色,技术(确定性)。

绿色,经济(确定性)。

黄色,政治(一件精确而灵敏的执行工具)。

如此一来,建筑的命运将被引向综合。充分且必要的合作集结起来,迈向前方。

迄今为止相互对立的动向在步调一致的行进中排成直线:个体的自由和集体的力量,保持一种审慎的合作,一个平衡的方程。

但愿幽灵不再挡道!埋葬吧,掘墓人,请把它们统统埋葬!

福特的经验,工艺精湛的产品,在现代社会被千百次地重复,它带给我们教益。让我们接受这教益。发发慈悲吧,为人类的福祉做些有益的工作。

勒·柯布西耶

《巨大的浪费》
（报告）

……"24小时的太阳日构成了衡量我们一切行动的标尺。"

在美国民众面前，我提出建筑改革及城市重组的建议，作为支持，我的基本论据是：我们的太阳日受到了粗暴的对待。由于漫不经心，由于对金钱的无法餍足的贪婪，人们采纳了对城市有害无利的提案。工作，城市无限的扩张——仅仅为利益所驱使，与人类的福祉相悖。必须扭转这错误的局面，人们才能获得基本的快乐。24小时的太阳日中，平衡应当是主宰，应当创建新的平衡。除此之外，别无他途。

我用一个圆（图1）表示今天美国或者欧洲的一个太阳日。

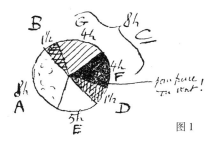
图1

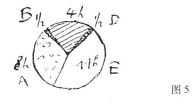
图5

第一个扇区（A）代表8小时睡眠。明日，复明日，日日皆新。扇区（B），上班路上在公共交通（T.C.R.P.）中用掉1个半小时——火车、地铁、电车、汽车。扇区（C），8小时工作，代表今天每个人所分担的必需的生产。扇区（D），下班路上在公共交通中用掉1个半小时。余下的扇区（E），晚间5小时的闲暇：家庭，蜗牛壳里的生活——住所。怎样的住所？你可否告诉我，在这一成不变的日子里，日复一日，年复一年，整个一生；人，这种动物，由骨骼支撑，由肌肉包裹，由神经网络贯穿，由血液循环推动，由呼吸系统维持——请你告诉我，这生物，这精巧微妙的机械，他何时对他自己这部机器进行

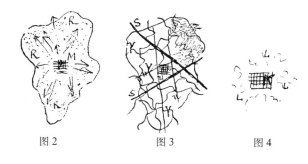
图2　　图3　　图4

我们对所有机器都进行的操作：清洁，保养，维修？从来没有。没有宽裕的时间！没有合适的场地！还请你告诉我，这千百万年来由太阳法则塑造而成的有机体，他何时何地将他那苍白的躯体投入到能使其再生的日光之中？他就如同一株地窖里的植物，永远生活在阴影里。是什么进入他的肺？是被污染的空气！是什么进入他的耳？是今日城市那令人疲乏不堪的喧嚣。他的神经？唉，他们紊乱失调，却从未得到修缮。

我勾画出一个围合城市区域的模糊的轮廓（图2）。中心（M）是市区——商业、工业、工厂或车间？它们位于中心，或者位于边缘，处在混乱和缺乏远见的愚蠢之中。这个城市区域是一个巨大的容器；它容纳200万、300万、500万或1000万的生命！它的直径达20km、30km、50km，你们这些美国人，你们打破了所有的纪录：纽约和芝加哥，城市区域的直径都达到了100km！如此的扩散原因何在？几百万个独立的小点，彼此之间疯狂地排斥，原因何在？人们追逐一个空幻的梦想——个体的自由。大城市的暴虐已达到如此的地步，以致激发了人逃生的本能。每个人都向外逃逸，每个人都跑出去追逐空幻的僻静——基本的要求：自由。几百万人抱着同样的幻想，希望重新踏上绿油油的草地；希望看到蔚蓝的天和洁白的云；希望和树木生活在一起，它们从来就是人类最好的伙伴。几百万人！他们出发，他们狂奔，他们抵达。然后，是几百万人同时意识到梦想的破灭！自然在他们脚下熔化，取而代之的是密密麻麻的住宅，以及道路、火车站和杂货店。

百万栋林立的住宅，这所谓的"花园城市"，这为资本主义所赞许、支持并神圣化的19世纪末的杰作，成了一道集聚怨恨洪流的闸门。这巨大的人群，这堆积如山的起诉和请愿，化为四散的尘埃，化为了无生气的遗骸：人的泯灭。自私的不公正的社会法规仍在继续。

在脱了白的尽端的花园城，梦想落了空。夜里8点，当人们抵达这里，已是腰酸背痛。他们一言不发，蜷缩起来。人们亲手毁灭了集体的力量——这惊人的行动的力量，这激情的杠杆，这公民责任感的缔造者。社会生活昏昏沉沉，无精

打采，萎靡不振。花园城的策动者，城市关节脱离的元凶，却在高唱："无私啊——为了每个人都拥有自己的小住宅，自己的小花园，拥有得到保障的自由。"谎言！这是滥用民众的信任！一天只有24个小时。而这一天还不够用。明天再来，日复一日，整个一生，整个一生都被这"剥夺了城市居住权"的城市现象拖垮。

我重新勾勒一个城市区域的轮廓（图3）。再把市区（M）放进去。在一个太阳日的24小时内，一切都应当完成：几百万人在他们痛苦的循环中疯狂地迁移。上文提到，人们创建了T.C.R.P.或T.C.R.X.（P区公共交通或X区公共交通）。首先，铁路（S）；火车上的生活：车站、车厢、车站。然后，地铁（U）；然后，道路（Y）——有轨电车道、公共汽车道、汽车道、自行车道以及人行道。想一想，道路要在这无度的、荒诞的、疯狂的城市区域的每一栋住宅门前经过！看一看，你将意识到这是一张多么惊人的城市路网！

现在，让我们进入这区域的无数住宅中的一栋。拿美洲，拿你家举个例子，它比我们的房子大得多、好得多。舒适的设施：电灯、电话，厨房的燃气，厨房及盥洗室的自来水。管道系统都通到了这里。数不清的管道系统在整个区域的地下展开，构成了一个想像力无法企及的网络。一张网——直径100km——就是这么巨大。

好极了！

由谁来支付？

这一下，问题被提了出来：由谁来支付？

你首先回答我："这正是现时代的工作，正是我们工业和企业的任务。这就是富足。"冷静地讲：这全都是扯淡，没别的。不会给任何人带来好处，这为人们所热切追求的自由，这每个人都趋之若鹜的自然，不过是空想，不过是幻像——24小时的一天，无尽的灾难。

由谁来支付？国家！国家的钱又从何而来？从你的口袋里来，是苛捐杂税，是渗透在你所有消费之中的间接的征收：食品杂货、鞋、交通、戏剧和电影。为什么？为什么汽油从勒阿弗尔（Havre）码头卸下来的时候，每升25生丁，而我们法国人在巴黎要为每升汽油支付2法郎10生丁——一切都得付清：石油的开采、提炼、管理，还有股东的股息。2法郎10生丁！我明白了！

我理解了美洲及欧洲的巨大浪费——城市现象的瓦解——构成了现代社会最为沉重的负担之一。这不是它的工业和企业的任务！这是一个建立在虚假前提上的落了空的计划。自由，嗯？开玩笑吧！不过是那贪得无厌的24小时的奴隶！

结论。我拿起一支黑笔，在参与必要生产的8小时扇区上覆盖了半边，一半是黑色——死亡。我写下：无用功。火车、客车、地铁、汽车、道路，所有的管道系统以及对此进行开发、管理、养护和维修的人员，还有挥舞着交通指挥棒的警察，所有这些都是现时代最愚蠢的浪费。你支付，我支付，通过每天4小时的无效劳动，我们每个人都在支付。你们的统计学家对我们说："美国政府要从全部劳动果实中抽取54%的税金。"这就是事实。

美元不再拥有光环，美国不再拥有大量的黄金。军备竞赛的欣快带来了悲惨的后果，美国人摸索着，力图变得现实；系统的缺陷究竟在哪里？新的出路又在何方？人们变得疲于奔命，努力从这浪费中挤出几个铜板，用于生活！

对社会有益的产品包括：鞋、服装、固态及液态的给养，住宅（普遍的消费品），书籍，电影，戏剧，艺术品。至于其他，不过是一阵风：世界范围内的一场风暴——巨大的浪费。

结论已定。让我们给出建设性的提案，确定新时代的任务——重建城市区域，焕发乡村活力。

以相同的比例，我绘出一座现代城市（图4）。没有郊区。现代技术允许在高度上赢得在广度上失去的面积。城市是集中的、简明的。交通的问题迎刃而解。人们以步代车。凭借50m高的大厦，我们可以在每公顷土地上安排1000人居住，一个超高的密度。建筑覆盖地面的12%，余下的88%是花园，运动就在那里展开，就在住宅脚下。城市的边缘直接与麦田、牧场或果园相连。乡村在城市周围，并渗入城市。我们得到一座"绿色城市"（K）。城市不同的功能得到归类整理。乡村在它的外围（L）。汽车——纽约每天奔驰着150万辆汽车——这正是病症，是毒瘤。在现代城市中汽车将成为稀罕之物，无论在平日抑或在周末都难得见到几辆。踏进青翠柔嫩的草地，只需一两步。

好了，我画出了一个新的代表24小时太阳日的圆。8小时睡眠（A）；半小时交通（B）；4小时有效的工作，对生产充分且必要的参与，由机器施行奇迹（C）；再半个小时的交通（D）。好了，余下的是每日11个小时的闲暇。

这两个有代表性的太阳日圆盘，简单明了，

太阳升起　　　　　　　　　　　　　　太阳再度升起

一天24小时的太阳日，是一切城市规划事业的量度

代表着过去与未来。

这11个小时的闲暇，我愿另给它一个称号：机器文明时代真正的劳动。不谋财，不图利，只求自我的奉献；强健身体——光辉的身体与坚实的精神；修德载道。自由地安排个体事务，自由地参与集体的事业与游戏。社会的所有引擎都发动起来：个体与集体保持正确而均匀的节拍，这正是自然的游戏法则——两极之间的张力。人处在两极之间，每一极都趋向与零，趋向于对生命力的扼杀，而生命之河在中间，在正中间流淌。平衡不是昏睡，不是迟钝，不是麻木，更不是死亡。平衡是不灭的运动。平衡是所有力量的集结。是统一。

这就是今天的城市规划师对社会的预言。

建立在个体的基础上，在美国，我向我的听众建议，建议他们对城市进行一场伟大的改革：以人的利益为出发点，重新组织国家的设施。这同时也是大工程的纲要，其推论将是对工业的拯救，并最终导向丰产的目标。

这便意味着一场冒险。

应当把整个世界投入这场冒险！

应当把所有人都投入这场冒险！……强健的精神渴望投入这场游戏。可另一些人？他们已浑身战栗。

强健的精神，正是他们发明了投射器，将人们一个不剩地投入这冒险。一切都将是全新的。人们纷纷落水！必须游泳，他们游啊游，他们脱身，他们上岸，他们登上一片崭新的陆地。

在返回的途中，在拉菲特(La Fayette)号上，我同桌的旅伴对我说："还用问吗，如果大教堂的建造者穿越时空，来到现代的巴黎，他们一定会惊呼：'什么？！用你们品种多样的钢材——软的、硬的、镀铬的；用你们的普通水泥和强化水泥；用你们的升降机、穿孔机、挖掘机和搬运机；用你们的数学，你们的物理和化学、静力学和动力学，可，天呐！你们竟然没有做哪怕一件与之相称、与人类相称的事！你们没有做出哪怕一件令你们自己感到光彩的作品！我们，我们用石块，耐心地琢磨，没有水泥，一块一块地拼接，我们尚且还建起了大教堂！'"

勒·柯布西耶
芝加哥

18　讷穆尔的城市化，北非，1934年

讷穆尔总平面图

A　居住城（待扩展）
B　独户小住宅预留区
C　本地人居住区
D　公民中心（市政厅、教堂等）
E　游客车站
F　体育场
G　商业城和火车站
H　工业城
I　煤气厂和电厂
K　港口及罐装沙丁鱼加工厂
M　军事基地
O　学校
P　海滩（海滨浴场）
R　医院

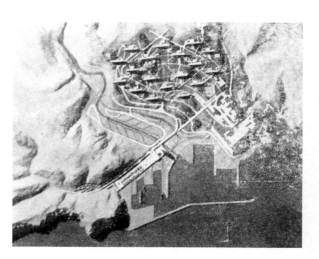

地貌（地面）决定交通流线（在广度上展开的现象）。

太阳、风、视野等等——决定居住。

因此，建筑体量独立于地面。建筑的体量（在高度上）和交通的表面（在广度上）是两种截然不同的功能范畴。

当地的条件（地貌及气候）正是规划的指针。

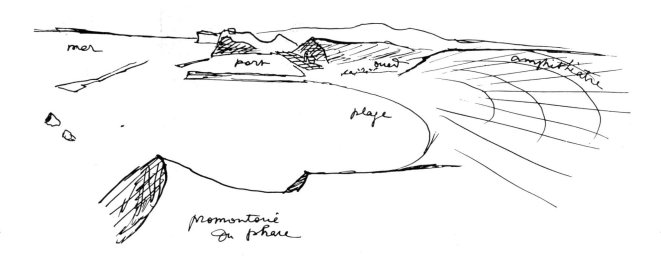

地形分析

讷穆尔的城市化，北非，1934年

讷穆尔未来城市的规划由市政当局委托给柯布和皮埃尔，以及布罗伊洛（Breuillot, AM. CIAM）和阿尔及尔的埃默里（Emery, CIAM）这4位先生合作完成。

1935年方案得到通过。

完成的方案是保密的，这便于筹措购买土地的有效资金，或至少是预付款。事实上，讷穆尔是阿尔及尔一块殖民地上的小镇，这里似乎将在一夜之间变成一座拥有约5万居民的举足轻重的小城市——一座巨大的海港正在兴建，还有一条汇流整个摩洛哥东部地区的铁路线也正在兴建中。

预付款需要20万法郎，购买土地需要1000万法郎，但还没有实施操作的人选（既没有大型金融集团，也没有殖民机构）……教训：古代、中世纪、艺复兴等各个时期，人们完整地建造城市，然而机器文明时代的法国却没有一个合法的机构可以起动讷穆尔新城的建设。方案已被市政当局采纳，人们已经兴建了一个重要的港口和一条重要的铁路。港口和铁路的任务书是明确的，对此进行了预测、调研、计算和估价（包括管理、实施、工期等）；这一切都合乎规定并且业已完成。是的，港口和铁路，其推论便是——一座新城。一座新的城市即将诞生，但它存活与否，尚无定数。

港口、铁路：主要人员、次要人员。加工工业城：领导、工程师、工头、工人。商业城：老板、雇员。军事基地：军官、士兵。旅游中心：旅馆等等……多少家庭，多少住宅，多少各行各业的专家需要招聘和安置。下命令似乎不难，任务书的确定也很简单，招聘完全可以按规定进行——这一切都很自然，不是吗？城市就这样建起来了？不是，根本不是，这样的结构今天并不适用。

人们将涌到这里来，孤立无援，一面找工作，一面找住所。而我们就把这些人安置在临时的棚屋里……当局对此无动于衷，他们玩忽职守。从今往后，这座城市将会腐化堕落。

20　讷穆尔的城市化，北非，1934年

医院

居住城（18栋大厦，每栋2500位居民）

公民中心

海滩

游客中心

港口最终的状态

（讷穆尔规划完全遵循CIAM的雅典宪章）

本地人居住区　　　目前的小城　　第一栋商业大厦

18栋公寓大厦严格地朝向北非最有利的日照方向（南–北）。

过境的Oran-Tlemcen公路被底层架空柱举起，由居住区的外围经过。它包括一个衔接平台，与（呈菱形）严格串联起18栋公寓大厦的高速路相衔接。

Oran-Tlemcen公路被架起在地面之上，高速路也是如此。连接各个公寓大厦楼厅的人行路网呈同心或对角线布置，完全独立于车行路网。

讷穆尔规划代表一种基于起伏多变地貌的规划，是一次成形的新城市的典型。

讷穆尔城市全貌（自西北望）

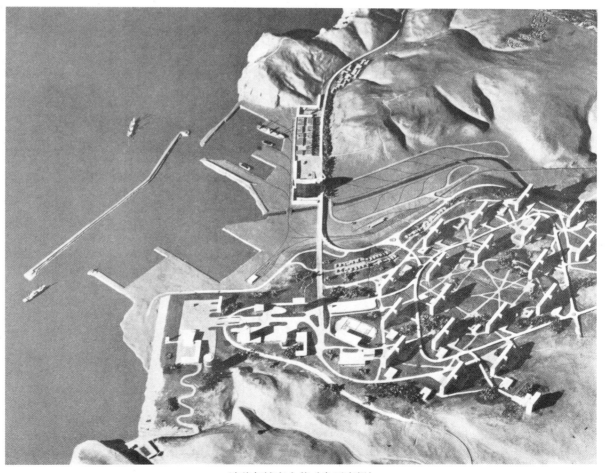

讷穆尔城市全貌（自西南望）

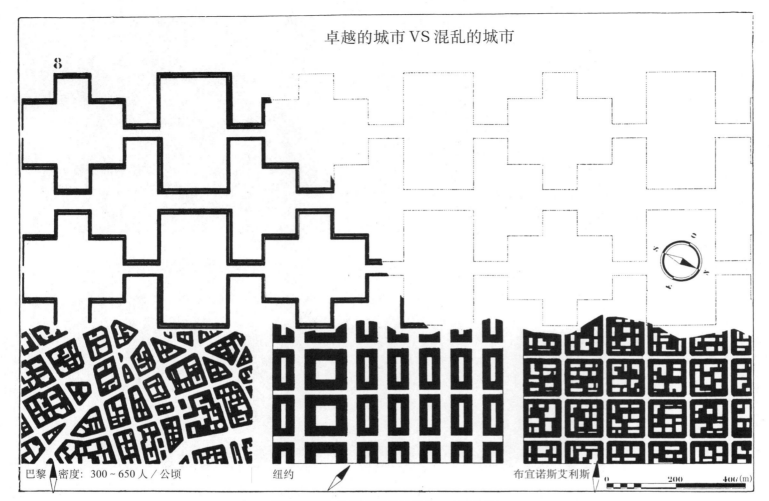

"光辉城市"居住区的一个局部，1935年

欧洲、俄罗斯、南美——在一系列不间断的旅行之后，产生了城市与城市、地区与地区之间存在巨大差异的认识。

同样，由现代技术所带来的、由地形和日照所决定的各具特色的解决方案出现了（布宜诺斯艾利斯、蒙得维的亚、圣保罗、里约热内卢、

"光辉城市"居住区的一个局部，1935年

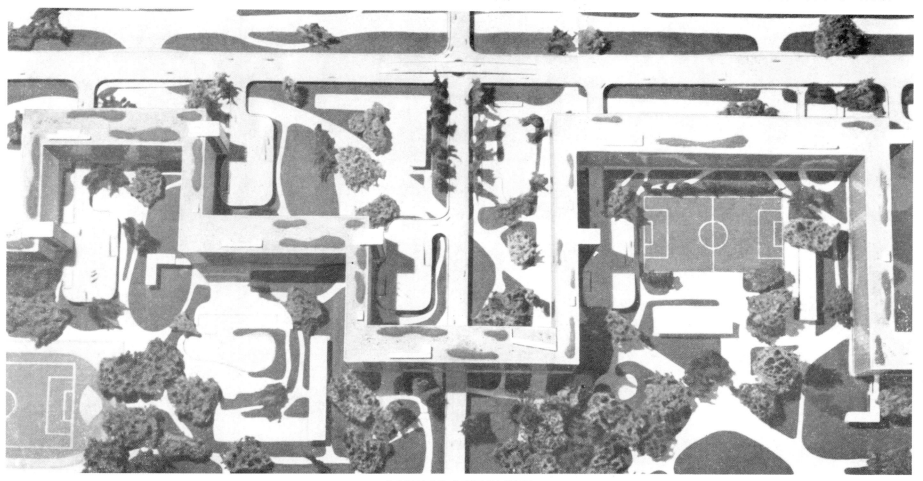

"光辉城市"典型居住区片断

阿尔及尔、巴塞罗那、斯德哥尔摩、安特卫普等城市初步的城市化构思）——几年的历程，一种现代城市规划学说的明确要素相继涌现。今天，一个真正的完整的城市规划学说将被提供给公众和当局，以回应各大洲和各大城市所必需的巨大变革。展板VR-8呈现了"光辉城市（VR）"居住区新获得的广阔空间与我们当前城市（巴黎、纽约、布宜诺斯艾利斯）那难以忍受的狭隘之间的强烈对比。这一空间的获得经过精确的计算和草图的推敲，它是如此广阔，以致受窘的观察家们竟无法估测真正的效果。为了使事物的新状态得到客观而实际的理解，一个巨大而精确的模型于1935年开始制作，目的是建立一系列照片资料，提供真实的感受。模型的创建历时5个月，严格地精确到最微小的构件。

从此，便有了一系列的照片资料，可以雄辩地阐述"光辉城市"中新的居住环境。

论点已是众所周知：

建筑表面积占全部土地的12%。

可自由支配的面积占全部土地的88%。

建筑的主体被底层架空柱举离地面，其效果是100%的土地归行人所有。汽车与行人彻底分离。运动场地就在住宅脚下。以2700人为一组，建立新的居住单位。设有公共服务机构：食品供应、托儿所、幼儿园、小学、医疗服务、紧急救护等等。（见《光辉城市》，1935年，今日建筑出版社）

"光辉城市"居住区的一个局部,1935年

行人和汽车的分行

这张照片表现两个朝北的立面。因此,它们并不是设在有住宅的一侧,它们可以是实墙,上面留出一些洞口以照亮内部街道

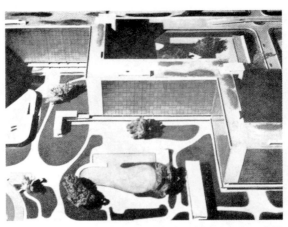

建筑朝向东西的部分双层厚(走廊两侧设房间);建筑朝向南北的部分单层厚(走廊单侧设房间)

一栋典型的"光辉城市"公寓楼与一栋巴黎传统公寓楼的剖面图比较。

前者:阳光,空间,绿色;人重新被置于根本的环境中——与自然的接触。

后者:"走廊式街道";公寓朝向街道或内院,无法向前扩展。残酷的空间战。

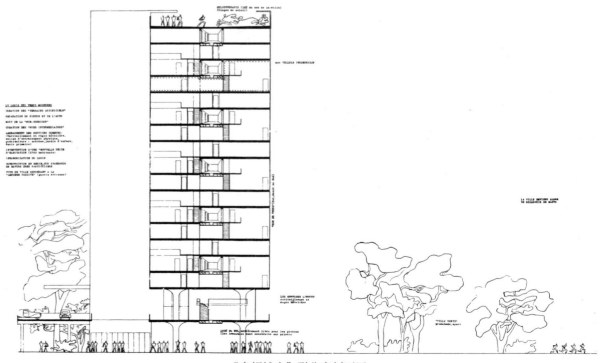

"光辉城市"型公寓剖面图

"光辉城市"居住区的一个局部，1935年

这样的居住区里，不再有道路。城市成为"绿色城市"。儿童建筑位于花园中，青少年和成人日常的体育锻炼场地就位于住宅脚下。小汽车从别处经过，行人和车辆互不干扰。

"光辉城市"——居住在花园里

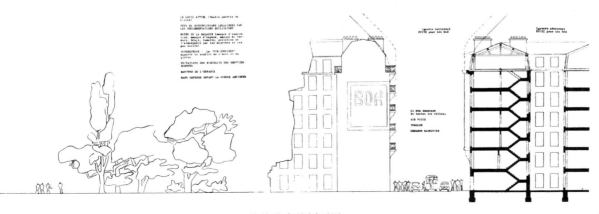

传统公寓的剖面图

26 "光辉城市"居住区的一个局部，1935年

一条架空5m高的高速路；重型卡车行驶于地面层；避开了机动车的人行道从其下穿过

"居住单位"的一个垂直要素：地面层设有行人入口大厅；地面以上5m处，设有一个汽车港，位于电梯竖井脚下

"光辉城市"居住区的一个局部,1935年

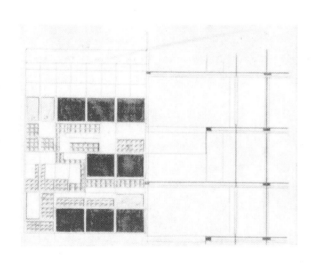

"玻璃墙面"

城市规划的新原则——"光辉城市"。它可能被接受,也可能被拒绝。

如果它被接受,那便会为建筑开辟一片极为特别的研究领域。其中,涉及"玻璃墙面"的问题,即,居住建筑体量不透明、半透明或全透明的表皮。条件是全新的:人们可以构想50多米高的建筑,建在钢筋混凝土的底层架空柱上。这些柱子从基础一直通到位于公共服务所在的中二层的顶板:上面的结构由精良的钢骨架构成。所以,立面摆脱了承重功能的限制,它仅仅是一张幕、一面屏,围合并提供遮蔽:避寒避暑,避风避贼。它既可以引入阳光,也可以用来遮蔽阳光。玻璃墙面将应用于温和的、极端的(大陆性,±50℃)、闷热且潮湿的等等各种不同的气候条件。根据纬度的不同,玻璃墙面将把阳光最大限度或最小限度地引入室内。

至此,人们意识到"立面"一词具有一种全新的含义。当开始考虑这个新的建筑元素,新的生物学工具的实施方法时,人们会发现——这个领域一片空白。

一条线索:根据太阳每日运行过程中日照强度的变化,玻璃墙面必须用毫不含糊的装置武装自己,即,"遮阳"。建筑师一旦控制了在各种确定的环境下由"遮阳"所决定的剖面,就能够创立建筑立面布局的主基调:玻璃墙面与立面平齐;玻璃墙面位于出挑1m、2m、2.5m的阳台之后;或者,玻璃墙面成为密集的蜂房式"遮阳"的背景。

海洛考特的城市化，1935年

总平面图（P29）的底部，是位于洛林（Lorraine）的法国Bat'a工厂[1]（有扩建的考虑）。上方，是Bat'a工厂首期独立住宅用地。中间偏左：池塘、树林及山冈之间的空地。

方案旨在为被吸引到这个新的工业中心来的制造工人们建造一批公寓大厦，并配备有各种与他们身份相符的高效的公共服务。

在花园城的传统居住建筑类型与这种相当舒适的、将全部家政委托给公共服务的建筑类型之间，产生了危机，爆发了冲突。惟有试验能够把问题推向前进。

值得注意的是，位于Zlin的Bat'a工厂本部仍在建造大量的独立住宅，不过花园培植被严令禁止，房子简简单单地插在草地上。

---
[1] 1894年8月24日，Thomas Bata与哥哥Antonin及姐姐Anna在捷克斯洛伐克的Zlin谷创立了Bat'a鞋业集团。如今，Bat'a已成为一个融设计、生产和销售于一体的全球鞋业机构，它的公司遍及68个国家，拥有超过4700家专卖店。Bat'a这一品牌已成为捷克民族的象征。——译注

海洛考特的城市化，1935年

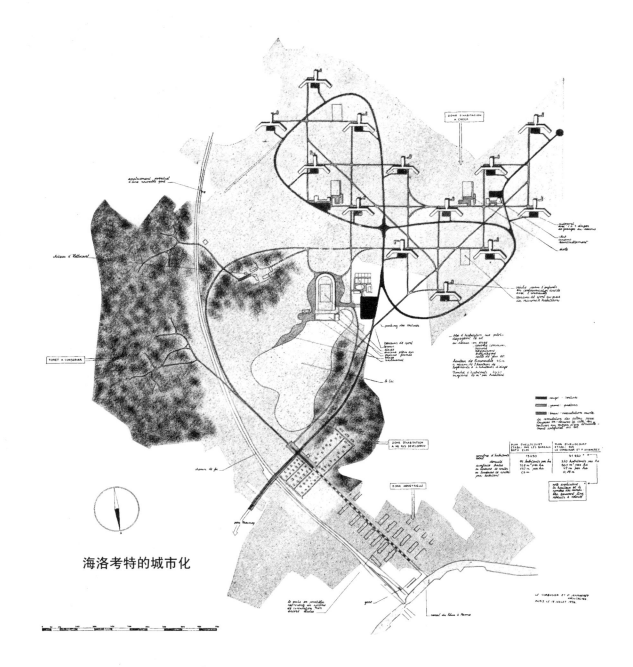

海洛考特的城市化

Zlin 谷的控制性规划方案，1935 年

Zlin 谷的地形

这是人类命运的必然：一个工业企业诞生、发展或衰败。无人预先知晓。1935 年，捷克斯洛伐克的 Zlin 谷正处于其发展的顶峰：拥有 45000 位居民。

危急的转折点出现了：协调地发展，一步一步，一天一天，积累到一定的量，突然，对内部结构的规模提出了新的要求，这就是蜕变的现象：在某一特定的时刻，城市将经受深刻的、改造的、革命性的手术。否则，如果继续沿着常规的模式发展，主要器官将无法满足需要，缓慢的瓦解会侵蚀整个机体并将其推向危机。这，就是猛烈爆发的时刻（就像巴黎的亨利四世、路易十四、拿破仑一世和三世时期）。

在其他地方，我们注意到：芝加哥、纽约和布宜诺斯艾利斯，它们在扩张中日趋衰亡……

在 Zlin，Bat'a 工厂 1935 年的辉煌酝酿着它杰出的蜕变——浓云在捷克斯洛伐克上空集聚——循着另一种思路，出现了另一个合乎情理的解决方案：分离，分散……某日，将根据这种或那种论断作出决策。无人预先知晓……

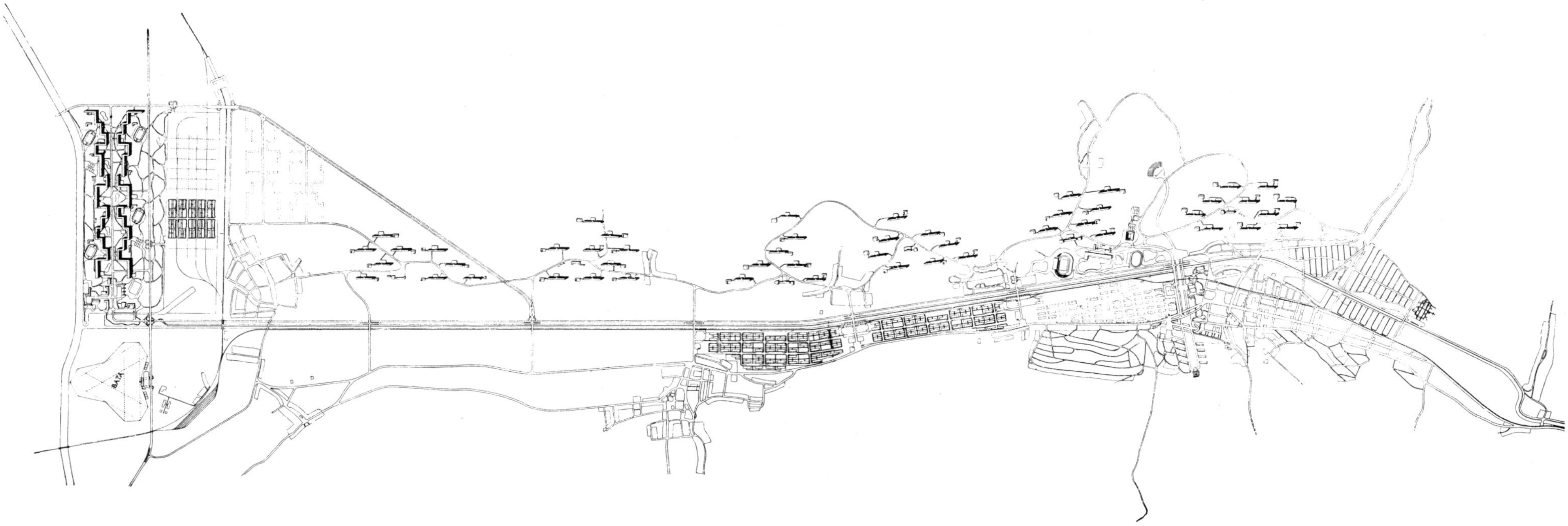

Zlin 谷的控制性规划方案，1935 年   31

冲积平原上的 Zlin 谷出口

平地上的居住区

生态保护区

新厂区

供居住和 Bat'a 社会机构使用的大型交通分配平台

主干道的横贯

公寓大厦占据了山的阳坡（典型的起伏多变的地形，见 P18~19 "讷穆尔的城市化"）

Bat'a 机场

工业新区预留地（工厂）

目前的 Bat'a 工厂

Bat'a 的 Thomas 陵园和技术专科学校（现存）

Zlin 古城（这里提供工人的住所）

N

货运交通网的系统化：铁路、公路和水路

32　关于当代城市规划构成要素的研究，里约热内卢，1936年

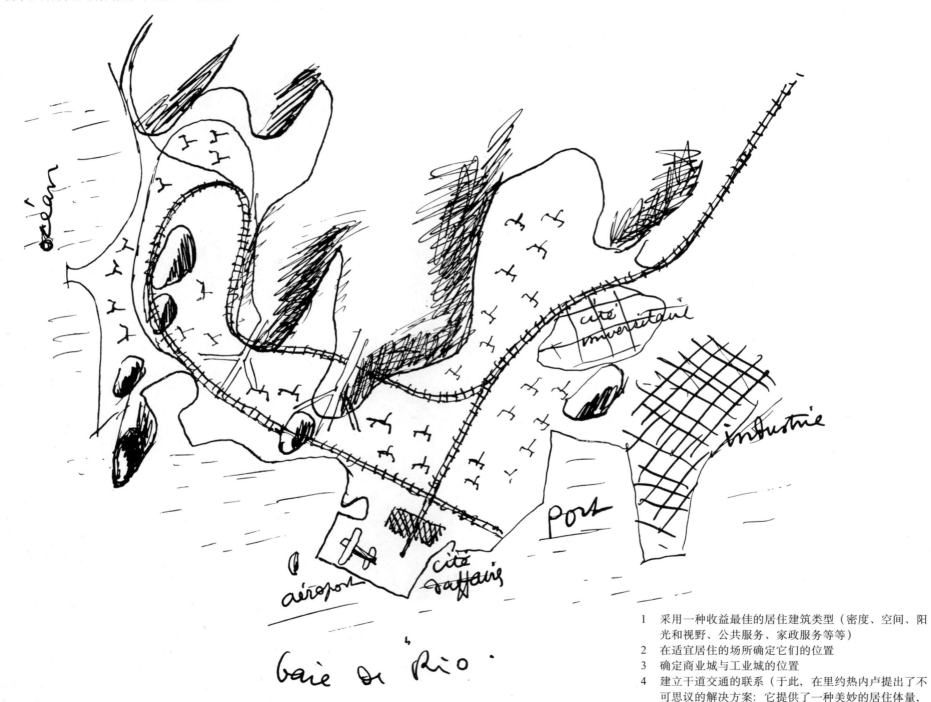

1. 采用一种收益最佳的居住建筑类型（密度、空间、阳光和视野、公共服务、家政服务等等）
2. 在适宜居住的场所确定它们的位置
3. 确定商业城与工业城的位置
4. 建立干道交通的联系（于此，在里约热内卢提出了不可思议的解决方案：它提供了一种美妙的居住体量，且必将创造出巨额的市政收入。光辉将被赋予城市）

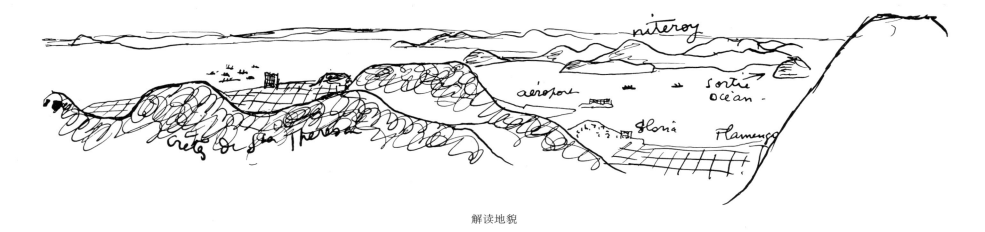

解读地貌

关于当代城市规划构成要素的研究,里约热内卢,1936年

19世纪把世界上所有的城市都抛入一场可怕的混乱。一切都变得不和谐,恐怖,残暴,丑陋,愚蠢,非人性。应当去看看这些城市。飞机给我们提供了巨大的便利。全世界的城市都呼唤着重大的蜕变,为了把自己从死亡的威胁中拯救出来。

一座城市回应4种功能:居住,休闲,工作,交通。

每座城市都有它的地理,即,维持生命所必须的联接,或远或近;每座城市都有它的地貌,即,承托人类事业(建筑和交通)的基础;每座城市都有它的太阳,即,气候条件,这尤其会影响到人的肺;每座城市都有它的姿态,即,一种基本的性格(造型或情感上的),应当由它来指引这座城市的方向,引导城市建设者创造的积极性。

建筑诗篇

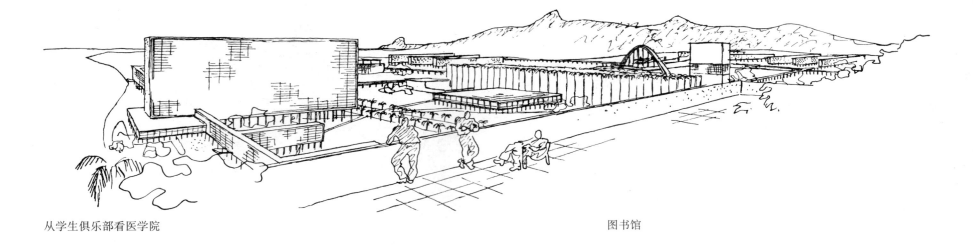

从学生俱乐部看医学院　　　　　　　　　　　　　　　　　　　　　图书馆

巴西大学城规划，里约热内卢，1936年

应国家教育及公共卫生部部长卡帕尼玛（Capanema）先生的要求，柯布前往里约热内卢，与当地的一个建筑师小组合作拟定方案。基址位于陡峭的群山之间，是一处冲积而成的环形谷地，出口通向里约热内卢。深入巴西腹地的铁路及公路交通横贯基地。所以，首要的任务，是针对过境交通寻求一个无懈可击的解决方案，继而是大学城自身的交通分流问题：郊区的火车，客车，小汽车。一个巨大的分配平台连接着遍布整个大学城的路网（人行和车行）。连通古皇家花园；保留现存的种植园。在壮阔的风景中寻求建筑群的轴线（横贯峡谷指向主峰）。院系的分类：M，医学；LPS，文学—哲学—科学；D，法律；AAI，艺术—建筑—工程。

规则：根据特征鲜明的单元进行分组：

a）地面（交通、短暂停留等等）；

b）地面以上：各类工作场所。

把可以合并的功能集中起来。在独立的功能之间留出广阔的自由空间。创造宏大的建筑景观：建筑、花园、群山。

大学城内部的大部分汽车交通位于地面以上。见草图：在"认知博物馆"后面，是"万棕榈"广场

巴西大学城规划，里约热内卢，1936年　35

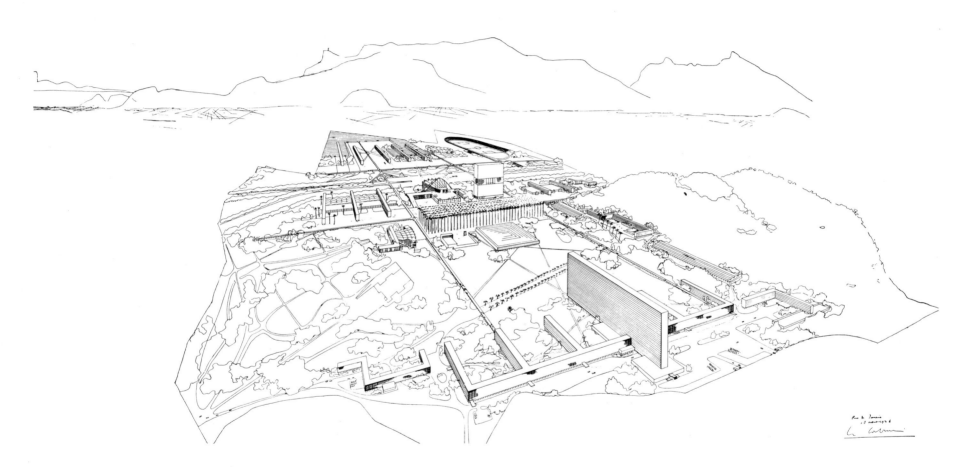

巴西大学城全貌

36　巴西大学城规划，里约热内卢，1936年

位于地面层，通往巴西的过境交通（铁路和公路）从大学城巨大的交通分配平台 E 下方穿过

巴西大学城规划，里约热内卢，1936年

LPS	文学—哲学—科学院
D	法学院
M	医学院
AAI	艺术—建筑—工程学院
C	公共活动中心
R	餐厅和俱乐部
M	医学院
	1-8：医院，牙科、妇产科、精神病科等等
LPS	9 文学
	10 哲学
	11 科学
D	12，13，14 法律
AAI	15 建筑
	16 艺术
	17 工程
	19 图书馆
	20 最大的阶梯教室
	22 音乐厅
	23 音乐广播台
	24 剧院
	25 认知博物馆
	26 俱乐部
	27 学生之家
	28 教授之家
S	体育
	30 运动场

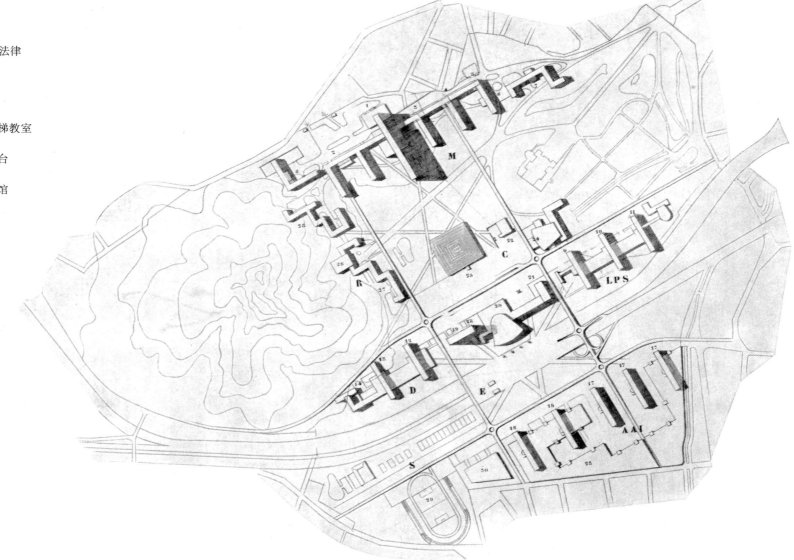

总平面图

"巴黎1937规划", 1936年

这项研究始于1922年（秋季沙龙，300万人口的当代城市），之后是1925年（"新精神馆"，巴黎"瓦赞规划"），随后，1930年，又出现在Pierre Chenal的电影《建造》中。1937年的博览会（"新时代馆"），提供了向公众和当局呈报20年研究成果的机会。

呈报的研究包括一份针对巴黎基础设施的改造给出的正式提案，它涉及几个相继的阶段，其中的第一个阶段可以马上起动。

激动人心的分析提供了令人惊愕的资料——同时，鼓舞人心。

看来城市整体重铸的钟声真地敲响了：这正是现时代的任务。

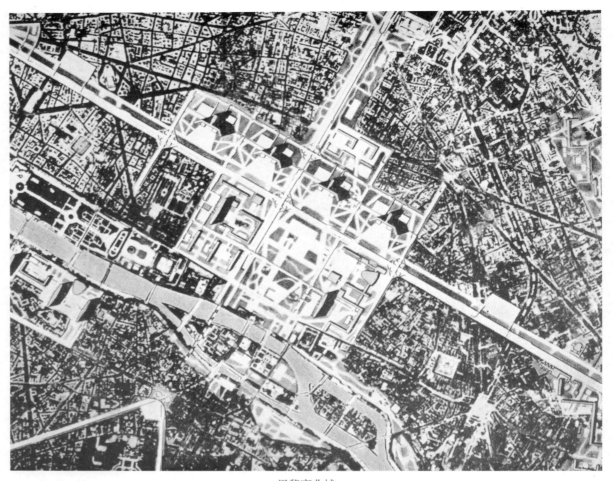

巴黎商业城

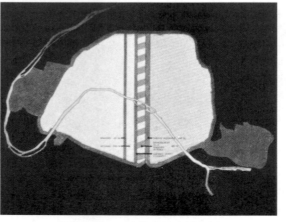

用地分析：一半的土地未被占用

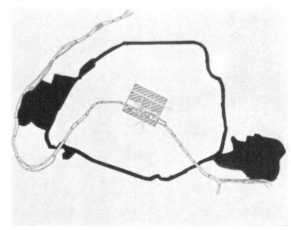

商业城的定位

"巴黎1937规划",1936年

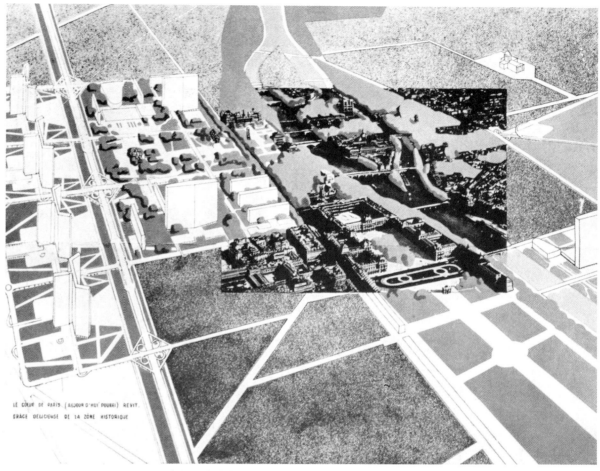

现代的尺度结合对历史珍迹的整理开发产生一种奇妙的美

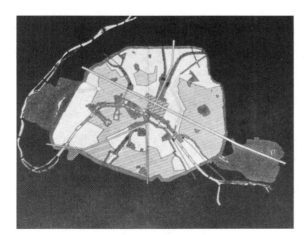

对(市区内)300万人口的分区

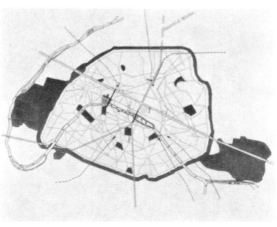

一种新的心血管系统将激活当前的主要交通干线网

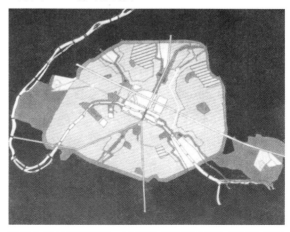

功能分区与循环系统:这便是"巴黎1937"控制性规划

不洁的住宅群No.6，巴黎，1936年

("巴黎大工程"第一阶段提案)

"住宅群No.6"（被归为不洁的住宅群，准备拆除）将成为起动巴黎城市新事业的一个契机。非大举措不能奏效。城市内部的所有细节性事业将有组织地纳入到对整体（充分且必要）的预见中来，这就是城市规划。但城市规划的方案只有在受到区域现实状况的支配时，才是合理的方案，而区域状况又随着国家状况的变化而变化。我们意识到，城市规划不再仅仅是一项市政事务。通过陆路、铁路、水路和空路，城市规划成为国家生活状态的体现。

"住宅群No.6"的研究是一个雄辩的示范，它表明上述各要素之间的相互依存。它表明在今日，1938年，一个理性的解决方案的实现，将要求新的土地法规，新的市政章程，以及新的承建方案（技术和金融的）的拟订与实施。在对各个城市的城市化进行研究的过程中，一个事实越来越肯定：正是4种道路（陆、铁、水、空）沿线的城市及乡村的国有设施代表着摆在机器文明面前的真正的问题，代表着真正的、基本的工业生产的纲要。艰巨的任务，庞大的市场，密集的谋求丰裕和富足的活动，将沿着一条积极的、建设性的、生产快乐和利益的路线展开。

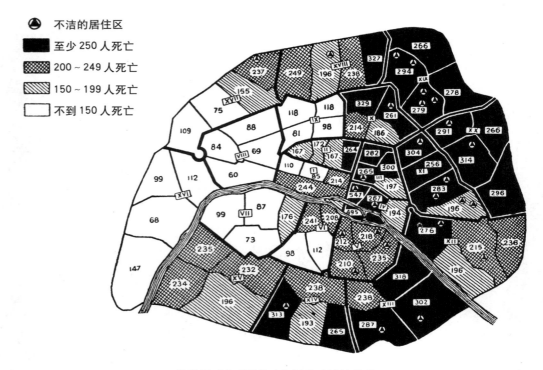

这张平面表明结核病与居住质量的关联

不洁的住宅群No.6，巴黎，1936年

位于巴黎大区中的不洁的住宅群No.6（遵循第六届CIAM年会的纲领；这几张线图采用了由1938年CIRPAC在布鲁塞尔举行的会议上为来年第六届CIAM年会的主题所确立的标准的表达方式）

1　不洁的住宅群No.6
2　新的纵横交叉的高速交通干道网
3　郊区（将逐渐消失）
4　布尔日（Bourget）机场

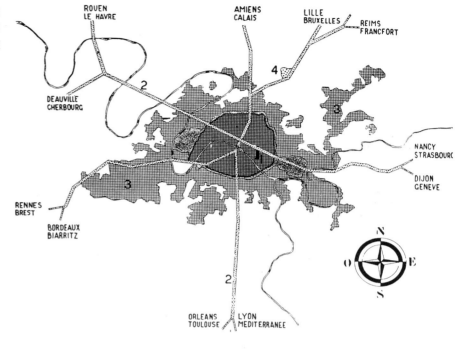

置于城市现象中的不洁的住宅群No.6（图面表达遵循第六届CIAM年会确立的纲领）

1　住宅群No.6
2　纵横交叉的快速交通干道网
3　商业城
4　汽车站
5　两条汽车隧道
6　圣马丹运河
7　民众欢庆中心
8　大学城
9　与Prost-Dausset省际干线规划相衔接

不洁的住宅群 No.6，巴黎，1936年

住宅群 No.6（图面表达遵循第六届 CIAM 年会确立的纲领，一个城市化的具体案例）

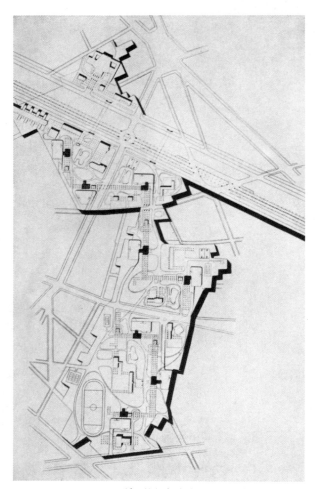

地面层平面图

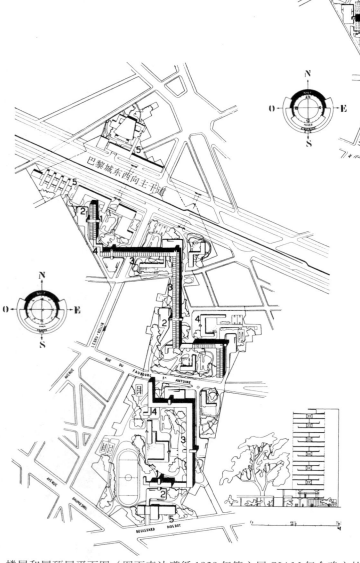

楼层和屋顶层平面图（图面表达遵循1939年第六届CIAM年会确立的纲领）

架空的底层平面图（图面表达遵循1939年第六届CIAM年会确立的纲领）

1 行人入口
2 汽车港及坡道，位于地面以上5m
3 生活必需品供应入口
4 公共服务（托儿所、幼儿园和小学）
5 公用设施（青年共济会、电影院、剧院、图书馆等等）

1 入口大厅及竖向服务
2 汽车港
3 住宅（朝向太阳）
4 托儿所
5 公共建筑

不洁的住宅群No.6，巴黎，1936年

↓ 这是最近按照当前的法规建造的建筑

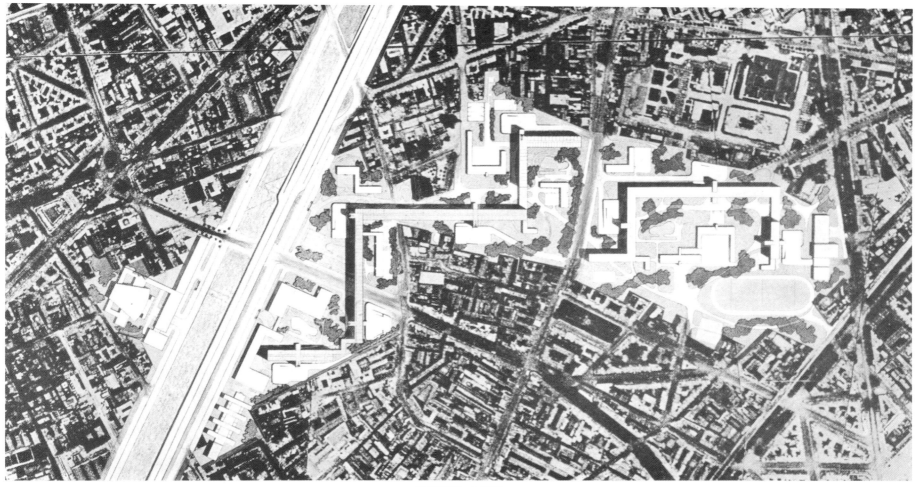

住宅群No.6 鸟瞰

按照同样的比例，比较巴黎的一个HBM区（廉价住宅区）和住宅群No.6

接下来的 4 页是具体的例子，表明装备着"玻璃墙面"的建筑内部的公寓户型具有极为丰富的多样性。剖面随着朝向而变化：朝东、朝西或朝南。"光辉城市（VR）"的户型的革新在于，公寓在建筑体内沿横向而非纵向布置，每个套间仅仅占取 3.5m、4.5m 或者 5.5m 的面宽。由此获得极高的居住密度。这样的公寓决不会被认为是"最小的"。某些功能可以在缩减的面积中得到满足，而住宅的心脏（起居室）则永远不应当是一个笼子，而应当是——大空间。

2.20m × 2 的两倍层高带来令人羡慕的财富：阳光，广阔的空间，草木的青绿。

我们获得了相当紧凑的户型，尽管如此，住起来却很宽敞。

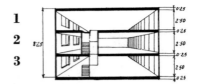

类型 I

（6 人和 2 人公寓）开间 5.50m：

居民数	70
套间数	15
内部街道数	5
建筑总高度（不包括架空的底层和公共服务）	41.25m
总体积（不包括公共服务）	2720.00m³
居住面积	865.00m²
公寓体积	2150.00m³
一套公寓的面积	57.50m²

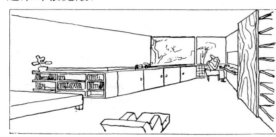

例如：

父母卧室

儿童房（4 铺）

起居室（靠近厨房的滑动壁板打开时的效果）

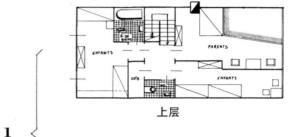

一套公寓

上层

中层

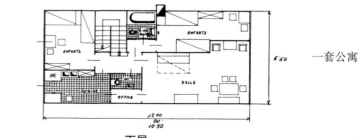

一套公寓

下层

不洁的住宅群No.6，巴黎，1936年

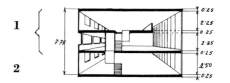

类型 II
(6人公寓) 开间5.50m:

居民数	60
套间数	10
内部街道数	5
建筑总高度（不包括架空的底层和公共服务）	38.60m
总体积（不包括公共服务）	2540.00m³
居住面积	860.00m²
公寓体积	2354.00m³
一套公寓的面积	86.00m²

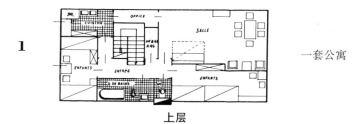
1 上层

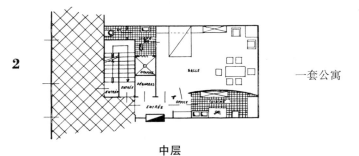
2 中层

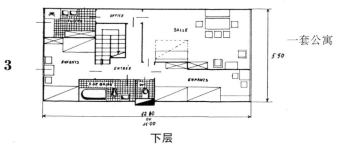
3 下层

南北向公寓

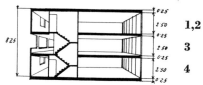

类型 III
(6人和2人公寓) 开间7.00m:

居民数	80
套间数	20
内部街道数	5
建筑总高度（不包括架空的底层和公共服务）	41.25m
总体积（不包括公共服务）	3760.00m³
居住面积	1165.00m²
公寓体积	2920.00m³
一套公寓的面积	58.50m²

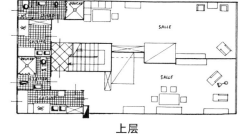
1 上层 一套公寓 / 一套公寓

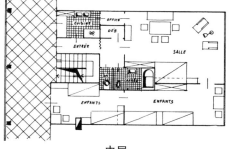
2 中层 一套公寓

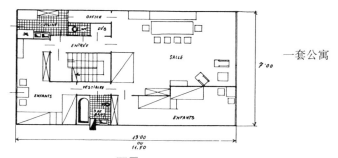
3 下层 一套公寓

每位居住者享有的面积由8.85～19.00m²不等

北

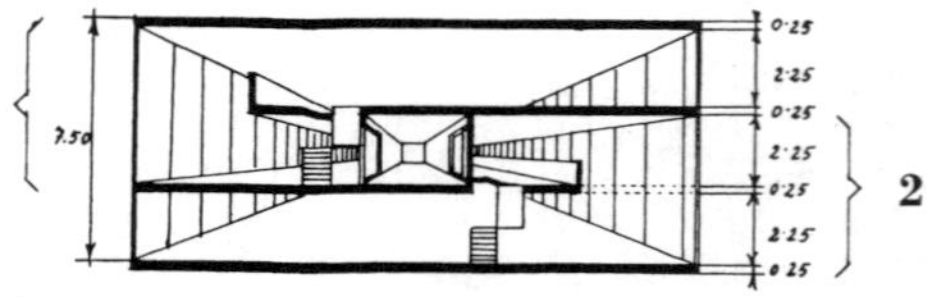

46　不洁的住宅群 No.6，巴黎，1936年

类型 I

（6人公寓）开间 5.50m：

居民数	60
套间数	10
内部街道数	5
建筑总高度（不包括架空的底层和公共服务）	37.50m
总体积（不包括公共服务）	3500.00m³
居住面积	1250.00m²
公寓体积	2968.00m³
一套公寓的面积	125.00m²

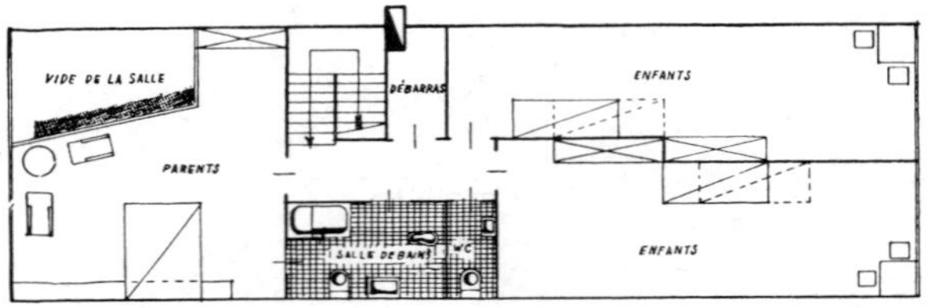

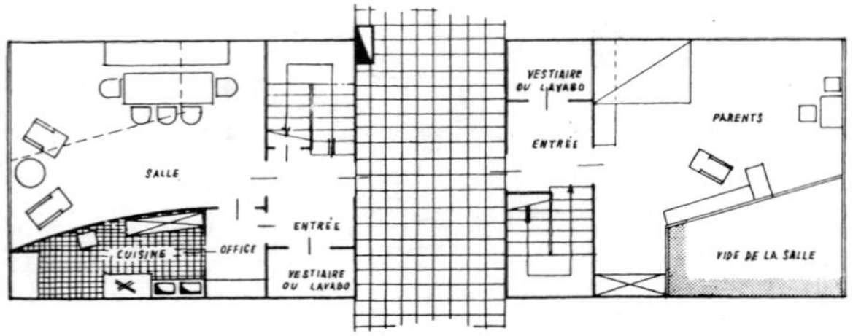

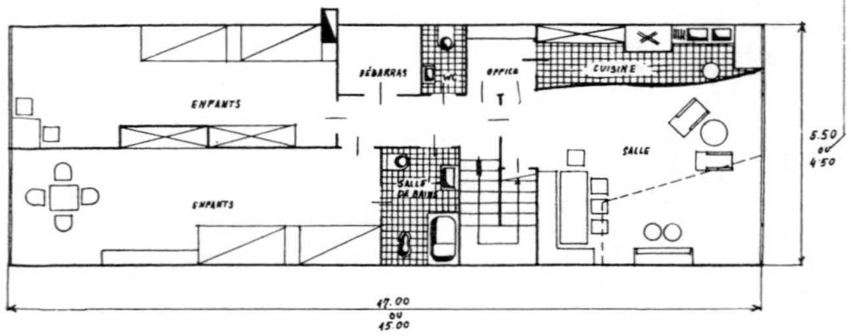

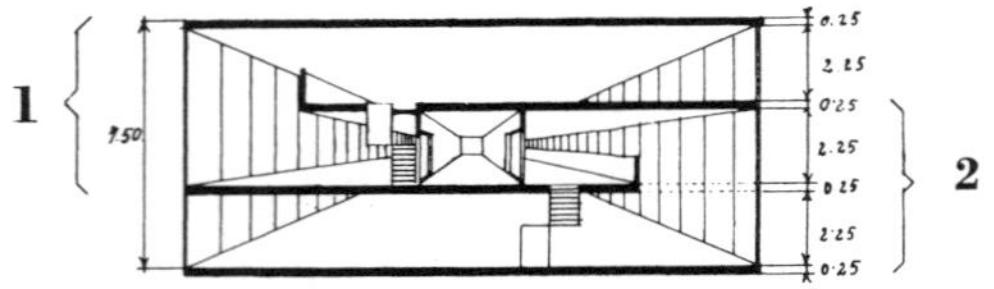

类型 II

（6人公寓）开间 5.50m：

居民数	60
套间数	10
内部街道数	5
建筑总高度（不包括架空的底层和公共服务）	37.50m
总体积（不包括公共服务）	3403.13m³
居住面积	1200.55m²
公寓体积	2878.00m³
一套公寓的面积	120.05m²

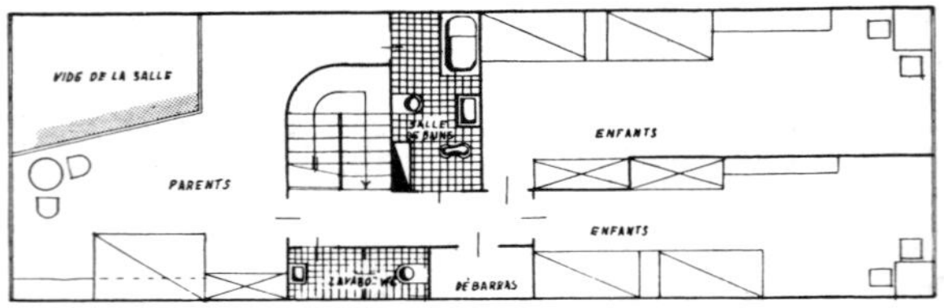

一套公寓：上层、中层、下层

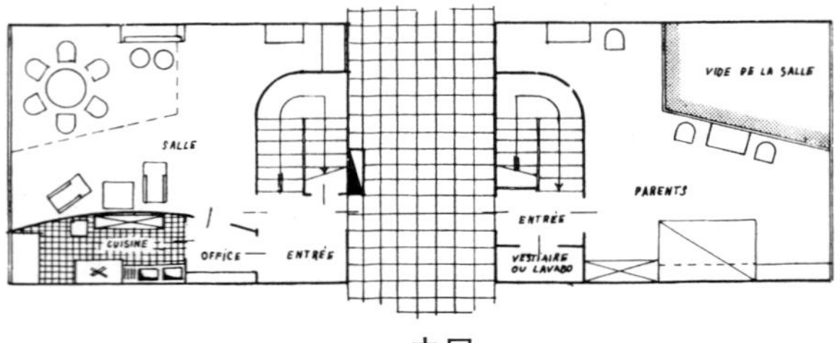

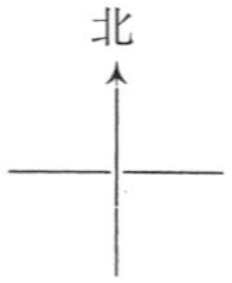

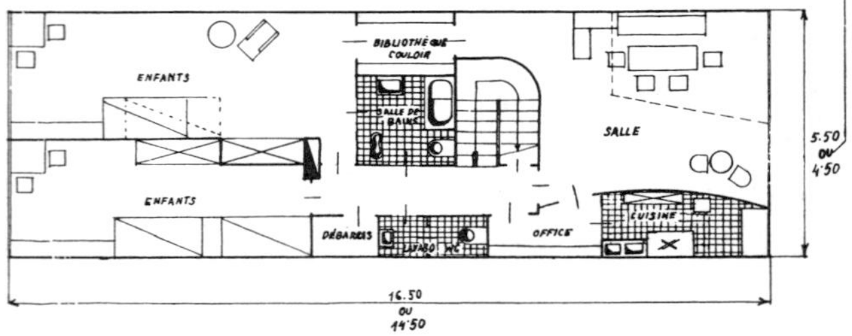

不洁的住宅群 No.6，巴黎，1936年

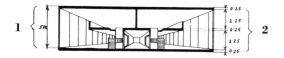

类型 III

（4人公寓）开间 5.50m：

居民数	64
套间数	16
内部街道数	5
建筑总高度（不包括架空的底层和公共服务）	40.00m
总体积（不包括公共服务）	4060.00m³
居住面积	1403.84m²
公寓体积	3378.00m³
一套公寓的面积	88.00m²

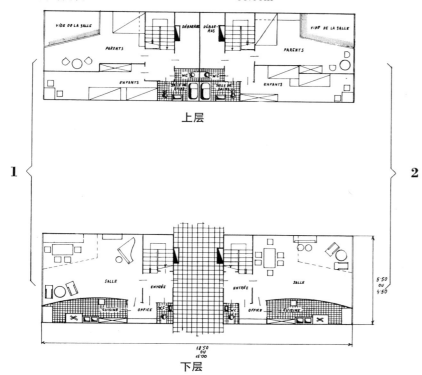

东西向公寓

每位居住者享有的面积由 15.20～23.10m² 不等

类型 IV

（2人或3人公寓）开间 5.50m：

居民数	60
套间数	30
内部街道数	5
建筑总高度（不包括架空的底层和公共服务）	41.25m
总体积（不包括公共服务）	4310.63m³
居住面积	1384.30m²
公寓体积	3460.75m³
一套公寓的面积	46.20m²

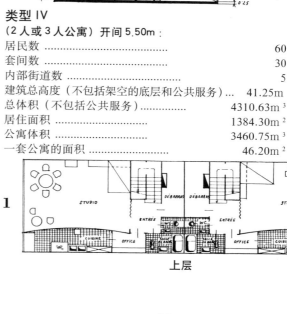

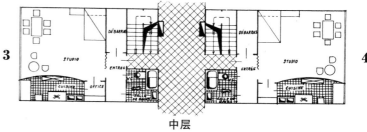

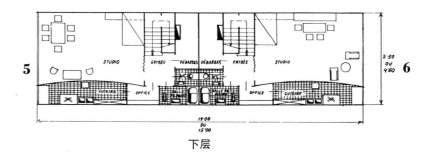

St-Cloud桥头的城市化，塞纳河畔的布洛涅区，1938年

实际上，城西的高速路在此收尾。穿过布洛涅森林，抵达St-Cloud港，那里是专为巴黎开设的通往凡尔赛的出口。

布洛涅区由参议员兼区长莫里泽特（Morizet）先生掌管，他是一个开明地面对现代解决方案的人。在法国，他第一个自发地赞同将建筑的顶棚升到50m高处，以便能够严格地实践"光辉城市（VR）"的论点。

在此，预计征用的土地——包括拯救一个美妙的植物园——将容纳25000位居民在"光辉城市（VR）"优越的条件下居住。

St-Cloud 桥头的城市化,塞纳河畔的布洛涅区,1938 年　49

鸟瞰图。由图可见目前的建筑与该方案在空间上存在的惊人对比

指导性规划，布宜诺斯艾利斯，1938年

[与当地建筑师费拉里（Ferrari）和库尚（Kurchan）合作]

这项针对拯救城市必不可少的条件所进行的详尽研究（10个月的工作）是1929年最初提案的延续（见"精确性"，《新精神》合集，1930年）。布宜诺斯艾利斯，这座城市近几年的发展是惊人的，但它的基础仍然是西班牙殖民时期遗留的传统的"cuadra"。"cuadra"，最初是一个单层的组团，110m见方，周边道路宽7m、9m、11m，房子朝向内部的花园……如今，"cuadra"已是高楼林立，被填得满满当当，再也没有花园了，连院子也没剩下。这座城市进行着惊人的扩张（比巴黎的范围大得多）。然而，它的分子结构（cuadra）却生发出一种不适合居住的城市肌理，彻底地被阻塞——没有动脉，没有肺，没有明确的器官。是时候了，是为它注入生命力的指导性规划介入的时候了。

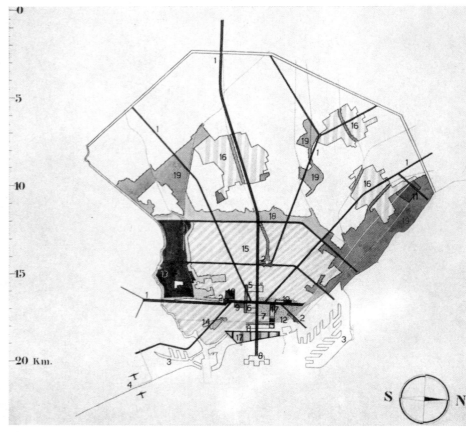

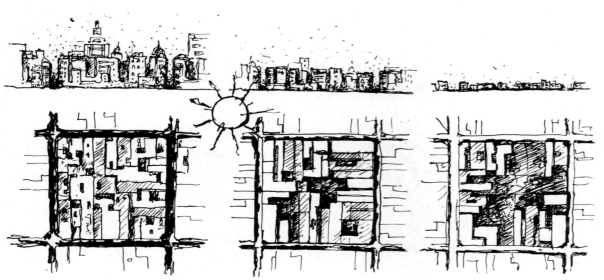

1　高速交通干道网
2　3个火车站
3　港口新规划
4　机场
5　新行政中心
6　新市政中心
7　金融城
8　商业城首期及商业城主体
9　工会中心
10　泛美中心
11　大学城
12　目前的商业区
13　工业区
14　一个居住区的首期征用的土地
15　居住区的更新
16　聚合的卫星城
17　游乐区
18　旅馆
19　绿化保留区

一个"cuadra"占地110m见方，经过了连续发展的阶段，结果："cuadra"被密集的道路交通团团围住

指导性规划，布宜诺斯艾利斯，1938年

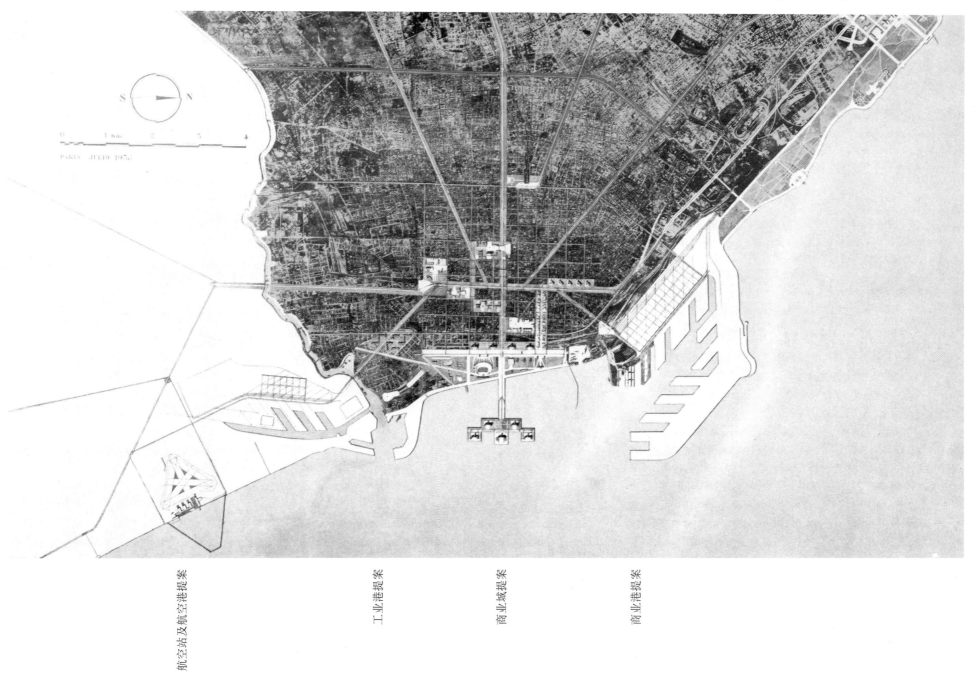

航空站及航空港提案　　工业港提案　　商业城提案　　商业港提案

布宜诺斯艾利斯：城市的心脏组织基于由 3 × 3 个 "cuadra" 合并成的新网格——400m × 400m

《当局不知情》

与哈洛德·法勒（Harold Fawler）先生共进午餐。法勒先生，中央大道警察总署纽约专区区长。

——确实，区长先生，您肩负着纽约最沉重的责任：城市治安，无法缓解的交通冲突，还有公共卫生。

——局长先生主持市政厅的招待会，而在我们的办公室，受城市痛苦折磨的粗鲁的乌合之众却络绎不绝。

——每天150万辆汽车，在这座城市，在你们马蹄开辟的道路上行驶。劳驾把菜单递给我。在背面，我将为您勾画在现代城市中治理汽车交通的惟一可能的解决方案：

如果人们继续建造一梯2户（或者4户）、以中心楼梯为基础的公寓，那么每栋建筑中能够安排的居民数就太少了，单元门就太多了。而汽车要一直开到住宅门前，于是，在住宅脚下，车行道没完没了地开辟下去，一个单元门接着一个单元门。住宅直接面向夹在两条人行道之间的车行道。行人与车辆被投入到同一场冒险：行人和车辆处于同一个河槽：一个时速4km，一个时速100km，混乱。今日之极度的疯狂。

应当把行人的命运同车辆的命运分离开，这便是问题所在。

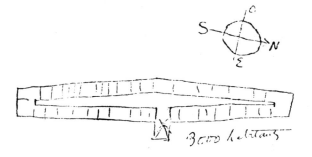

让我们建造可容纳2500～3000名居住者的公寓大厦。电梯昼夜运行，公寓由"内部街道"相连通。这样的一个聚合体代表一个"居住单位"。其中，我们可以布置"公共服务"，它将成为新型家庭经济的关键。

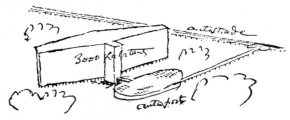

如果3000名居住者从一个单元门出入，那么下一个门将离得很远。依此类推，问题的解答出现了！一个汽车港在住宅门前展开，服务于汽车的靠岸、停泊和起航。汽车港通过一个分枝与最近的高速路相连，它与高速路都被架在地面以上5m高处。建筑也被底层架空柱举离地面5m。从今往后，地面上再也没有任何充塞之物；土地，全归行人支配：行人拥有100%的土地，汽车在空中；人车分行。地面上，行人以每小时4km的速度，宁静地漫步；空中，自由地，汽车以每小时100～150km全速行驶……

有一条原则需要反复强调：达到城市聚居之高密度的必要性。

疯狂——我们身处其中——即，以与村镇相同的限定，以与村镇相同的密度，回应所谓"城市"的自然的聚合现象：每公顷150、300、500位居民。这是"巨大的浪费"！

我接受一个极高的密度：1000位居民/hm²。12%的建筑用地，余下88%的自由土地用于花园，运动场就设在其中，这是对迫切要求回应的休闲问题的一种解答……

好了，这便是在细胞正常而和谐的状态下重新组织起来的城市，服务于人的城市。那恐怖的令人焦虑的城市不见了……

——可是，必须推翻现有的城市吗？……

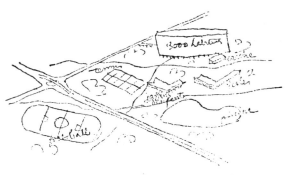

——亲爱的先生，让我来为您绘出纽约市业已完成的两次蜕变，以及为了城市的拯救而有待完成的第三次蜕变。

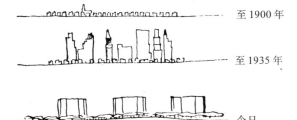

至1900年

至1935年

今日

直至1900年，城市还是老样子，而且到处都一样。那是在机器的速度介入进来之前。1935年，现代事件初露端倪：对高度的征服。但摩天楼仍太小，小房子仍残留在它的脚下。现代的器官却要靠前机器时代的心血管系统维生。这便是今日极度痛苦的根源。

这第三次蜕变，因循合理的规划，按照现代的尺度，正意味着一项明智的大工程的任务书。

这位纽约专区区长，亲爱的哈洛德·法勒先生，以赞许的目光望着我，也多少有些嘲讽。这是个率直的家伙；我们怀有信任地握了握手。他又回到他的岗位上，勇敢地面对歹徒、结核病、塞车、压力，以及那些惟金钱是图的乌合之众。

第二天，我登上了返回巴黎的菲亚特号。巴黎，在歌舞升平的背后，有着和纽约相同的病症。它的不确定性可能更糟糕，因为我们的市政官员大都对曼哈顿视而不见，那里是仙境般的灾难，但也是新时代的实验室。

勒·柯布西耶

《给曼哈顿的建议》

（节选自《当大教堂是白色的时候》[1]，Plon et Cie 出版社，1936年，巴黎）

"亲爱的斯托韦尔（Stowell）先生，1936年3月，您的《美国建筑师》杂志向我约稿。这篇文章完成于美国本土，它生动地反映出在首次美国之旅中，我所感受到的深刻印象，以及我所获得的深深的确信。"

踏上美国国土3天后，在一次广播采访中，我说：从检疫站望去，在清晨的薄雾中，这座城市浮现在我的眼前，好像圣经中的希望之城——遥远处，在天空下笼罩着一层朦胧的珍珠色，隐约可见林立的尖塔投向空中。这里是新时代的乐土，是一座神秘的、令人惊异的城市：新世界的圣殿！接着，客轮驶入华尔街外海，沿着码头行进；我不禁叫出声来："多么野蛮！多么粗暴！"但，这些狂乱棱柱的坚挺几何学所绽放的如此这般的力量，却丝毫未引起我的不悦。在1935年的岁末年终，从法国来到这里，我获得了信心。

我亲见了摩天楼——这美国人习以为常的奇观。6周后，和所有人一样，我也不再惊奇。300m的高度，乃是建筑上的大事件；在生理心理学的范畴，这是不容忽视的新事物。我们站在它的脖子上，我们呆在它的肚子里。摩天楼，一件自身完美的事物。

然而，理性感到不安。我说："纽约的摩天楼太小了。"《纽约信使报》把这句话引为头版头条。我解释道，纽约的摩天楼是浪漫主义：一个骄傲的姿势，仅仅为了炫耀。它同时也是一条证据：证明人们有能力把建筑的高度提升到300m，并在那里通行，这的确令人钦佩。但它们扼杀了街道，它们使城市疯狂。它们自下而上的收缩不合理性，这要归咎于市政官员的规章，惊人的不合情理的规章——令人不安的是，当局居然认同这样的公设，并以此作为立法的基础。

尽管如此，新近拔地而起的洛克菲勒大厦则力图摆脱这一错误，它预示着未来的摩天楼：理性的摩天楼。我们将不再受困于对新的建筑现象的沉思；我们将运用它，给纽约带来秩序、

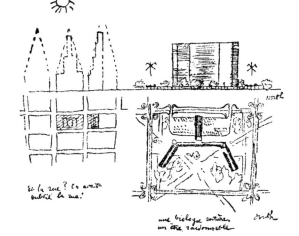

---

[1] 该书在美国未能找到出版商，因为其中对曼哈顿的摩天楼有微词。——原注

理性和光辉。

纽约，残暴之都。我们首先要认识和牢记这一教训。城市道路的划分原则清晰，简明，恰当，有效，精良且合乎人情。人们在纽约可以很容易辨明方向。曼哈顿得到了清晰的划分。但马拉车的时代已经过去！汽车的时代业已来临；它来了，带来它那悲惨的后果：纽约，已变得无法通行！

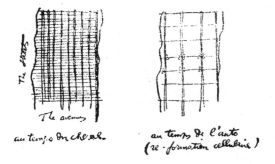

我无法想像一座城市的土地划分竟能如此粗暴，如此果敢，如此简单，却又如此多样。八九条纵向的大道以加速音阶的形式划分着城市土地的意义：从最穷困到最奢华。曼哈顿——一条摊在礁石上的鳊鱼——只有一根脊柱尚值得炫耀；而它的边缘就是"贫民窟"。穿越城市，只需20分钟的步行，便可以欣赏到这反差强烈的

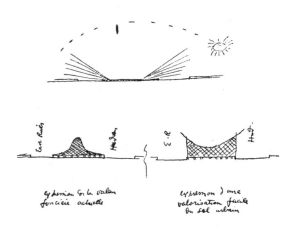

景象。理性何以在此得到满足呢？东河（East River）和哈得孙河（Hudson），河岸难以接近！大海，不可达，不可见。端详纽约的地图，或从飞机上俯瞰，人们会想："这一定是世界上组织得最好的城市。"然而，生活在这城市里却看不到这海，这宽广的江河；它们的美，它们的浩淼，它们的运动，它们在阳光下迷人的波光，这一切都无人能享！纽约，巨大的海港城市，而它的居民却像莫斯科的一样"内陆化"！这片令人羡慕的沿岸基地注定要，按理说是注定要容纳窗户统统朝向开阔空间的大型公寓；但事实上，这片土地令人懊恼，这里是"贫民窟"！通过导向良好的市政举措，这些区域将很快升值，从中获得的利润将用于整治这正处于残暴的无政府状态中的城市。不得不令外来者惊讶的是，当人们提到曼哈顿，插满摩天楼的曼哈顿，其整个区域的平均高度却只有4层半。您听到了吗？4层半！但这骇人的统计数字同时也揭示了希望，这表明给城市带来秩序的革命性方案的实现是完全可能的。

摩天楼于此仅仅是消极的因素：它扼杀街道，它扼杀城市，它毁掉了交通。但，更可怕的是，它吃人——它把它周围的街区整个整个地榨干，把它们抽空，把它们毁掉。于此，拯救城市的城市化方案再次出现。这摩天楼实在太小了，

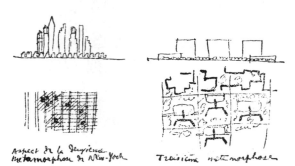

正是它毁掉了一切。让我们来建造更大、更真实、更有效的摩天楼；它将恢复广袤的土地，它将抵偿破败的地产，它将为城市带来青葱翠绿的草木和无懈可击的交通；所有的土地都归行人所有，那是一个巨大的花园；空中，寥寥的几座天桥上飞驰着时速150km的小汽车，从一座摩天楼驶向另一座摩天楼。为此，必须采取综合的措施，别无他途！人们终有一天会考虑这个问题，通过合作组织或地产联合会这样的机构，或者通过有力的家长式的行政措施（凭着一家之长的威严，他知道孩子们应该做什么），来拯救城市。

而在眼下的摩天楼之间，挤满了大大小小的房屋，多半是矮小的。如此矮小的房子，在万众瞩目的曼哈顿做什么？我真是搞不懂。这已经越出了理性思考的范畴。这是一种现象，仅此而已，就像地震或者空袭过后残存的一片瓦砾，只是一种现象。

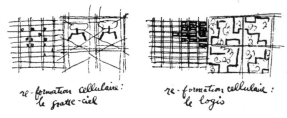

中央公园（Central Park）是另一个教训。您看看，多少旅店，多少公寓，它们自然地聚拢过来，自发地将窗开向公园，开向这片广阔的绿地。但中央公园太大了，就像位于一堆房子中间的一个窟窿。穿越中央公园，如同穿越无人之境（no man's land）。这是个教训。中央公园青翠的草木，尤其是广袤的空间，应当被分配被复制到整个曼哈顿。

曼哈顿的平均高度为4层半。只要将这一高

度发展到16层，这座城市将重新赢得3/4的土地：每个人都拥有中央花园，花园在住宅脚下，运动场地在住宅脚下。而且，住宅就位于城市中而非遥远的康涅狄格州的花园城！但这是另一个故事，是纽约人疯狂追逐想像中的伊甸园的故事。

这段美国的荒唐史是该终止了。下面，我们谈谈纽约和芝加哥，谈谈那些沿着同样的轨迹，处于同样的混乱之中，急剧扩张的城市，它们有一天——谁说得准呢——将会成为纽约第二，芝加哥第二。

为了问题的清晰阐述，我们首先要意识到：芝加哥拥有一片海滩，那里有眩目的"私家车道（drives）"以及朝向花园和湖面敞开的富丽堂皇的"公寓街区（apartment-houses）"；纽约，这里，那里，矗立着一些美丽的公寓，而且，在远处，在几乎达不到的郊区，还有令人陶醉的美妙别墅。

这些公寓里，这些别墅中，住着些有头脸的人，他们（以及他们的家人）能及时脱身。他们自觉生活得还不错。不过，我更关注那些上下班乘地铁，家里没有大花园的人们。这几百万人成了生活的牺牲，没有希望，甚至也没有临时的祭坛——没有天空，没有阳光，没有绿意。

以这几百万人的名义，我说，这日子过得一点也不顺心！但这些人现在却一言不发。要等到什么时候呢？

在芝加哥眩目的"私家车道"后面，就在它背后，两步不到，便是贫民窟。怎样的贫民窟！无边无际，另一个世界！

让我们来戳穿这美国城市郊区的幻像。

曼哈顿，一座远远背离人类心灵深处最基本需要的城市，以至逃跑的梦在每个人心底积淀。离开！不要把生活，家庭的生活，消磨在这无情的冷酷之中。只愿能仰望一隅天空，与树木相伴，生活在茵茵绿草旁。永远地逃离噪声，逃离城市的喧嚣。

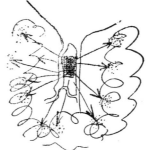

la dislocation de la ville;
naissance du cancer

无数的梦想转化成为行动。几百万居民涌向虚幻的田园。他们抵达，他们定居，他们蚕食田园。这便是郊区，一个巨大的区域在城市周边远远地铺开。追求自由，把握自己的命运？这梦想只是梦想，破灭的梦想。

这代表着每天在客车、地铁、公共汽车上度过的数小时。这代表集体生活被彻底地剥夺——而集体生活乃是国家的元气。自由？这不过是虚弱的自由。门挨着门，窗对着窗，道路在门前经过，天空被周围的屋顶割裂，几棵残存的树悻悻地怎么也打不起精神（这里我谈论的仍是那些未能及时脱身的人，我谈论的是大众，是构成纽约或芝加哥庞大聚居地的广大民众）。

在美国的讲座中，我力图使我的听众明白，美国那为一种新的无意识的奴隶所供养的致命的浪费即在于此。到达这些数不胜数的离散的地点所耗的时间，与每人每天为支付这不幸而在真正的生产性劳动之外所花费的无效劳动时间相比，就显得微乎其微！因为，庞大的郊区，一栋又一栋的住宅，它们构成一张惊人的错综复杂的网络：铁路，公路，自来水管道，天然气管道，电线，电话线……我倒要问问你们，这些由谁来支付？你们，我们，每个人，每一天，通过三四个小时不劳而无获为无意义献祭，为了你们的"扯淡"，你们每个人都成了祭品。

un petit aspect de deux millions de rêves:
ceci est baptisé: la liberté individuelle.

"扯淡！"为了寥寥的几棵树，为了小小的一隅天空，便挤在这为汽车所倾轧的危险的道路旁。好了，如果你愿意，回来吧，回到曼哈顿，回到城市里来。你将拥有大片的树，大片的天，你将拥有一望无际的空间，却见不到一辆汽车。惟一的条件是：把曼哈顿——这片广袤的地域——变成一座"光辉城市"，即，一座奉献给人类必要且充分的快乐的城市。

因为曼哈顿足够大，只要我们赋予它秩序，它便可能以其优越的条件接纳百万的居民、商人以及雇员。这一秩序的赋予将通过曼哈顿土地的全面增值来实现，也就是说，让参与这一明智之举的人有钱可赚，让处在无效劳役奴役下的人们从追逐花园城的致命幻像中解脱出来，并给他们带来生活的快乐。如此一来，纽约，将成为全世界最和谐的城市。

美国人，你们开凿了荷兰隧道，你们在一片错综复杂的工业区上空修建了"高架高速路(sky-way)"——位于其下是铁路、公路、水路和工厂；你们在哈得孙河上完成了乔治·华盛顿大桥这样和谐而泰然的煌煌杰作；你们已经开辟了"花园大道(Park way)"；你们已经沿着哈得孙码头建起了高架快车道(这些都是未来城市的前提)；还有，你们使用电梯，这玩意儿在欧洲还很少见；你们已经开发了大规模的公寓街区，在合理选择的地块上，通过精良的组织，安排人们惬意的居住……你们美国人已经通过意义重大的工程证明，当商业和金融机器运转起来的时候，你们无所不能。但我请你们开动思考的机器，我请你们思考一下纽约和芝加哥这紧急而致命的病症，找到真正的病因，对症下药。

就让我们来看看：

曼哈顿究竟是什么？一座为水和空间所环绕的半岛，四季分明，气候宜人。长16km，宽4km，面积约达6400hm²。通过细致、多样、综合、精确的研究，我知道，在特别惬意安乐的环境下，每公顷安排1000位居民是可以做到的(光辉城市的环境：建筑用地12%，余下88%是大花园，可在其间运动和散步，为了每个人日常的锻炼，运动场地就设在住宅脚下；彻底的人车分行，100%的自由土地归行人所有，每扇窗前都拥有200～400m宽的广阔空间，可以充分地

采集阳光……)；我知道在曼哈顿安排600万居民是可以做到的！我确信。

当600万人聚居曼哈顿，您将从您的汽车和交通赤字中摆脱出来，您还将每天少工作3～4个小时，因为您再也不必供养康涅狄格州和新泽西州花园城的巨大浪费了。

您的汽车，它将以100～150km的时速在这有机的城市中飞驰，只需三五分钟，您就可以津津有味地欣赏真正自由的田园、树木、田野、辽阔的天空、无边的风景。道路将摆脱红绿灯的困扰，今日这困扰扼杀了汽车的意志。汽车应当飞驰，道路应当自由！

要改革美国的城市，尤其是曼哈顿，首先应当明确，改革的空间的确存在。曼哈顿足够大，它能够容纳600万居民。

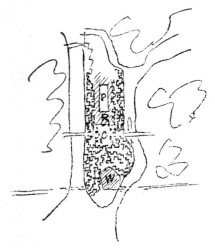

une nouvelle ville efficace in manhattan : six million d'habitants

还需要明确。现有的条件是否有利于实现个体自由的梦想？是否可以给人们带来其心灵所必需的自然的抚慰（天空、阳光、树木、空间）？是的，曼哈顿拥有把梦想变成现实的最不可思议的构图——两条广阔的空旷的河岸（是的，空旷，大致空旷）。一个广阔而空旷的（贫瘠的）中心，可自由支配，因此易于引进资金：一个位于城市中心的巨大空间（位于华尔街和第34大街的摩天楼之间），一个用作居住区再合适不过的空间；居住区就应当位于城市中心。那里有桥梁，那里有地铁。

应当以更大的单位重新组织交通。现有的路网是过于紧密了。这网状体系禁绝——我说，禁绝了——一切对汽车交通的解答方案。其实事情做起来并不难，只要我们确信应该这样做。

实施的手段？它们就蕴于城市中，蕴于城市的生命中。曼哈顿，高楼林立的曼哈顿，其平均高度却只有4层半。您看到了，这便是解答的关键所在。如果您可以做到每公顷安排1000位居民，您就可以使曼哈顿的土地2倍、3倍甚至4倍地升值，由此产生的利润将用于城市基础设施的建设：人行道和高速路的铺设。是的，方法就蕴于城市的生命之中——帝国大厦抽干了周围街区的元气；使一大群人破了产；洛克菲勒大厦竖立起来，如今轮到它来抽干帝国大厦的元气，让它破产。人们所祈求的，人们所追逐的，是金钱；金钱是城市运转的动力，是维持城市生命，激发城市活力的必需品。但是，如果由着混乱来支配拯救纽约的举措，那么，破产将不幸地降临到大多数人头上，而财富将集聚在少数人手中。相反，如果能意识到这举措关乎公众的拯救——那么，当局将主持这场重大的变革，以正确的规划为基础，为所有人带来财富和利益。是的，要有正确的规划，一部总体的交响的规

划，它符合集体的需要，同时确保个体的幸福：重构美国城市的细胞。这正是当局乐善而全能的角色：当局，一家之长。

接下来，要确定：在美国，在全世界，住宅是一件必不可少的、急需的消费品。而且，这种需求几乎是无限的。

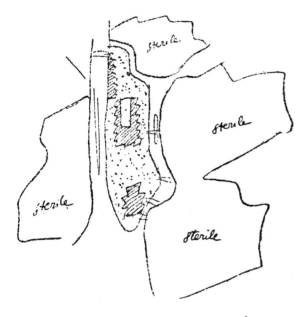

voici ku terrain libre.... dans Manhattan

纽约不过是个临时的城市，就其庞大身躯的绝大部分而言的确如此。一座新的城市将取而代之。但一切都将遵从一种符合时代需要的蜕变的法则与节奏。蜕变，在美国，这个词强烈地冲击着我的思想。尽管迅速，尽管仓促，城市的成长并非没有规律可循。然而，人们却满足于马拉车的时代，满足于低密度聚居时代所开辟的"街区（blocks）"。纽约和芝加哥现有的尺度已超出了量度，已脱离了太阳日运行的法则所强加于我们的每日的现实：一天24小时。要让美国的城市（还有巴黎、伦敦、柏林和莫斯科）重新呈现为有机的形式，这种形式将考虑到一种规定我们所有的创造、工作和劳动的时间限制：日出与日落之间流过的时间（或者说：介于两次睡眠之间）。

但如果说住宅是美国首当其冲的消费品，那就请睁开眼睛看一看机器时代的可能与现实。在美国，汽车的成本系数与战前相比降低了50%。那是因为人们有效地组织生产并发挥了机器的潜力。然而，住宅的成本系数与战前相比却增加了210%。那是因为，在这项规模宏大且为国家所必需的活动中，人们未能引入有效减轻工人负担的新方法。

现代技术向我们表明：大工业必将占领建筑业。住宅能够且应当在工厂生产——那些工业企业目前正面临破产，因为除了不结果的多余的消费品，它们再没什么好生产的了。

住宅将在工厂建造。

城市的细胞将改变形态，以便给新的事业带来新的符合机器大批量生产的尺度。

致命的、悲剧性的城市膨胀所带来的惊人浪费将终止。

当局将意识到其艰巨的任务即在于此：建立城市的法规，并通过该法规为工业开辟市场，给人的身体与心灵带来基本的快乐。

最终，人们将看到结果：每人每天少工作3~4个小时。停产？不，是从供养浪费的完全不结果的苦役中解脱出来——那是城市扩张所带来的巨大浪费，三四个小时的无效劳动不会给任何人带来任何好处，这是疯狂，是扯淡。

有了机器，每人每天只需要4个小时有成效的工作，人们将拥有新的闲暇。为此，要有场地——场所和土地——以防机器文明的社会发生新的痉挛。通过城市规划，通过教育，让人们充分利用这新的自由时光来修养自己的身体和精神。

我看到美国制造的机器，我看到美国工业不可思议的组织；我看到正确的规划明确了生活必需品的生产任务；我看到美国人终止了奴役——在客车、地铁、公共汽车里，在公路上，那每日白白浪费的时间；我看到在合法的消费品（鞋、服装、面包、运动、娱乐）之外，每天为了供养城市过度扩张所带来的疯狂消耗而不得不付出的几小时无效劳动终被取消；我还看到教育在塑造思想，形成观点，激发欲望，铸就意志。

针对纽约1939年世界博览会纲要提出的建议：

当局应当如实地、确切地、透彻地、深入地认识到现时代所蕴含的可能性（它的技术与它的需求），以及起动改造城市的巨大工程的必要性；当局应当制定法规，强行干涉极端的利己主义，使其服从公共利益的紧迫需要；当局应当协调生命的力量，从城市的生命中萃取有益的力量，并将这力量导向其所应当的目的：为人服务。

机器时代的人，是机器的主宰，他让它们生产，他利用它们来实现机器文明新纪元的一项迫切需要：住宅，人类的住宅——盛满了进步、组织和规划所带来的全部的善。这朴实的规划，满足人类对自然最深切的需要——天空、阳光、空间、树木——基本的快乐。

勒·柯布西耶

1935年

58　笛卡儿摩天楼

笛卡儿摩天楼

笛卡儿摩天楼

这种现代的行政建筑（管理公共或者私人事务）的新姿态起源于1919年《新精神》中最初的设计图。到1930年为止，我们的摩天楼方案一直是"十字形"，十字——光明与稳定的象征。

有了把问题深入下去的机会，于是我们注意到这种双轴对称的十字形摩天楼的北面无法接受到阳光。原则上，十字形平面的本质（双轴）不符合太阳运行的本质（单轴）。

于是，我们引入了新的形式——"Y字形"。自此，一切都变得更生动，更真实，更和谐，更灵活，更丰富，更"建筑"。

这种形式被应用到安特卫普左岸、巴塞罗那、布宜诺斯艾利斯以及曼哈顿等城市的规划方案中。

这种形式同样适用于居住单位：海洛考特、罗马郊区、巴黎的凯勒芒棱堡等等。

具有这样一种形式和尺度的摩天楼将成为一件真正的城市规划作品，一颗现代技术的果实。

从一开始（1919年），我们的革新便反对美国摩天楼那种纯粹的浪漫而形式主义的概念（棱锥形，尖尖的收尾）。1935年，踏上纽约的土地，我对美国记者说："这些摩天楼太小了，太密了……"这在新闻界引起纷纷议论。

这是一段颇能说明问题的最新回音，刊登在一份晚报上：

《巴黎晚报》，1938年8月25日

"笛卡儿摩天楼"在法国诞生（1922年秋季沙龙，"300万人口的当代城市"）。它是一个严格的函数，涉及两个变量：占地面积和建筑高度。这是一件无与伦比的工具，旨在为确切的城市现象订立秩序。

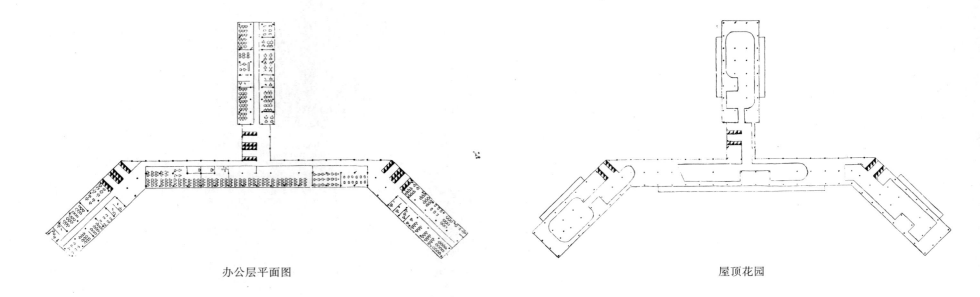

办公层平面图

屋顶花园

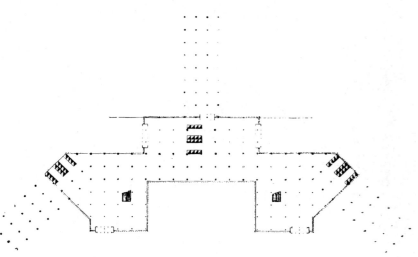

地面层平面图：行人

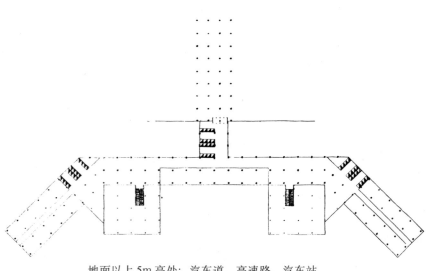

地面以上5m高处：汽车道，高速路，汽车站

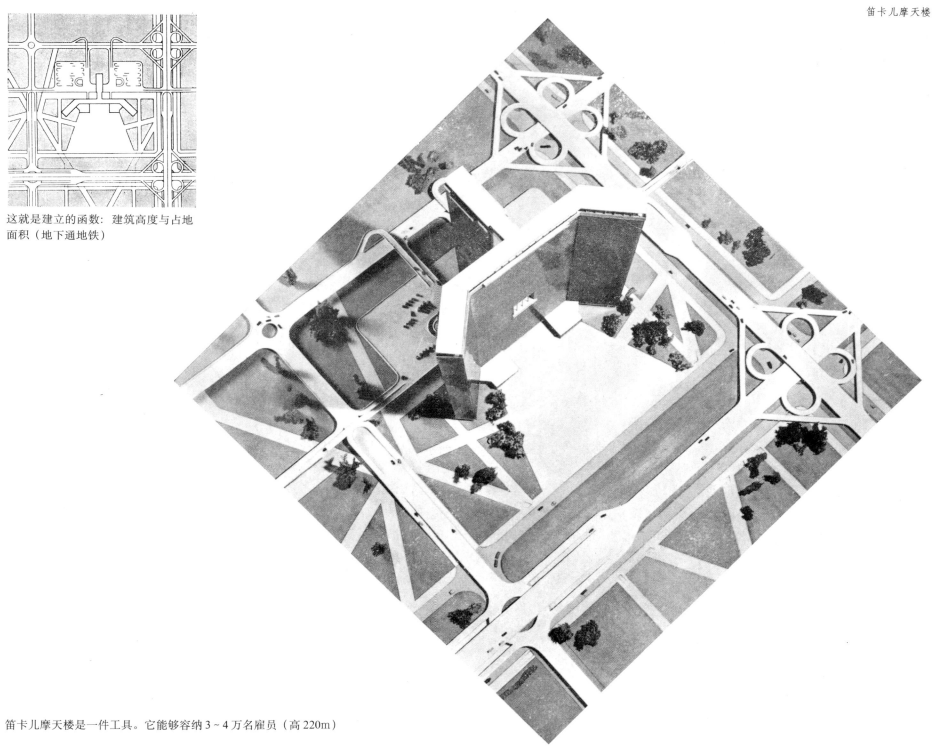

这就是建立的函数：建筑高度与占地面积（地下通地铁）

笛卡儿摩天楼是一件工具。它能够容纳 3～4 万名雇员（高 220m）

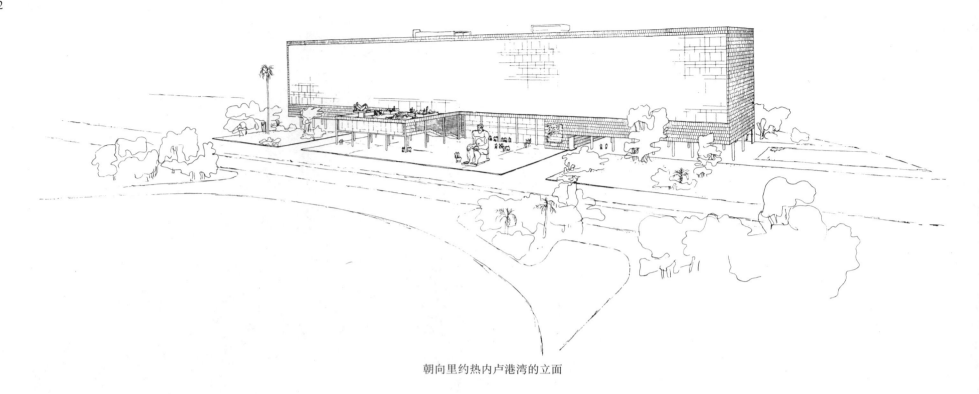

朝向里约热内卢港湾的立面

国家教育与公共卫生部大厦，里约热内卢，1936年

1936年，应大厦执行建筑师委员会的邀请，柯布被国家教育及公共卫生部部长卡帕尼玛（Capanema）先生召到里约热内卢，以复审方案的文件，并就相关问题与执行建筑师委员会达成共识。在此，充分显示了负责高级任务的建筑师们对柯布西耶的尊重，他们信服他的为人，他们贯彻他的思想。

柯布对选址的问题毫不含糊。他表示，给定的基地并不适合容纳这样一座构思宏大的建筑。他研究、寻找并建议采用另一块距原基地约200m、面对着宏伟的里约热内卢港湾的基地。就是针对这块基地，他与委员会的建筑师们合作，在里约热内卢确定了该大厦方案。

但是，在柯布离开之后，行政管理人员之间发生了争执。结果，新的基地被放弃，又回到旧的基地上。在柯布离开之前，他向部长先生提交了一份针对先前选择的基地的改编方案。如P65右侧的草图所示，图的左边是里约热内卢传统的基地利用模式：立面冲着狭窄的街道，院子在内部。实际实施的方案将构成城市规划的一个重大革新：针对不利的街道以及街区的轮廓线提出一种可行的利用方法，再次把大空间引入城市风景，并为交通提供有效的解决办法。

寻求一块有利的基地，一块邻近港湾的空地

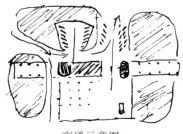

交通示意图

国家教育与公共卫生部大厦,里约热内卢,1936年

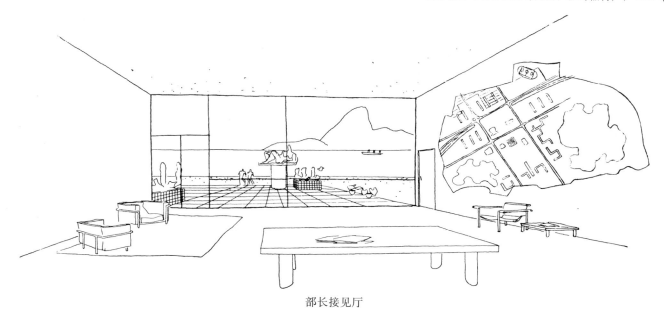

部长接见厅

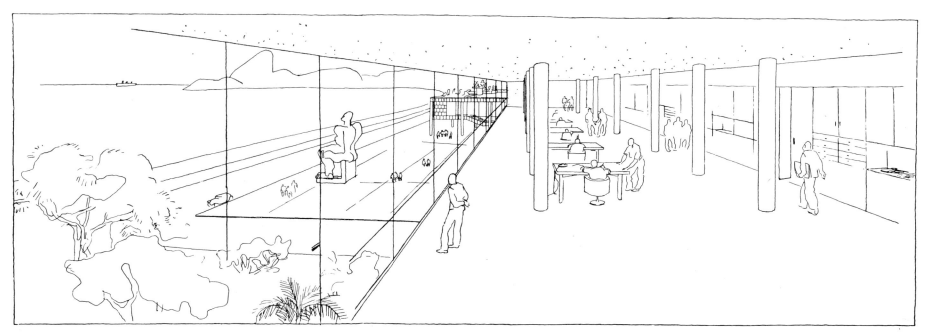

典型的雇员办公室

64　国家教育与公共卫生部大厦，里约热内卢，1936年

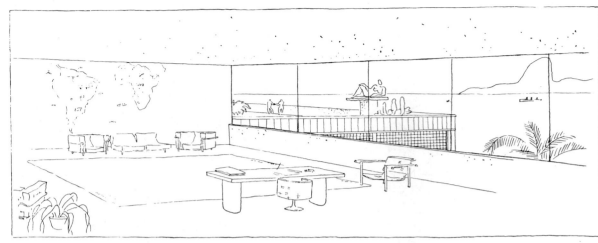

部长办公室

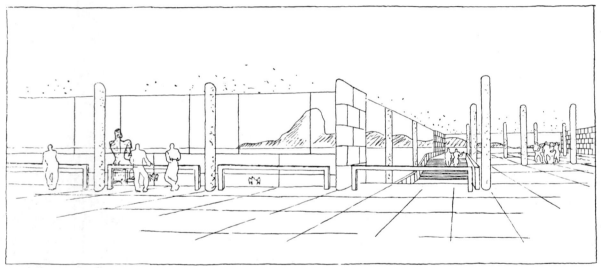

二层的休息大厅

入口

国家教育与公共卫生部大厦，里约热内卢，1936年

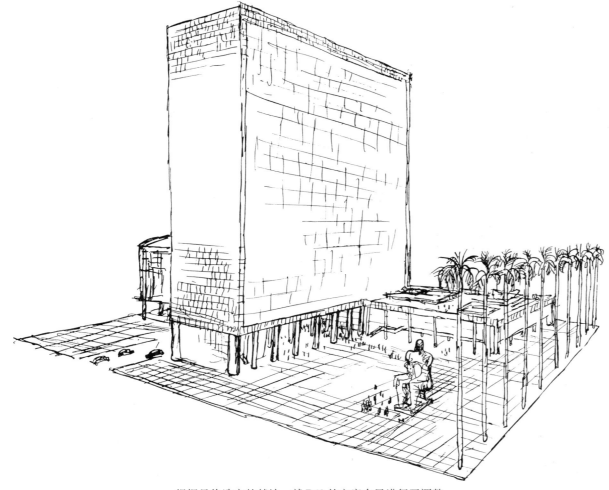

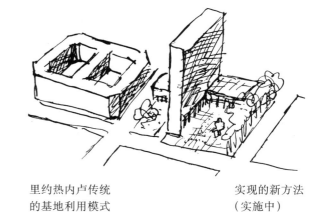

里约热内卢传统的基地利用模式　　实现的新方法（实施中）

根据最终选定的基地，就P62的方案布局进行了调整

委员会最终建立的模型，并以此作为实施的依据（注意：立面装备了"遮阳"）。

建筑师委员会成员包括：卢西奥·科斯塔（Lucio Costa），Reidy，奥斯卡·尼迈耶（Oscar Niemeyer），Reis，Moreira，Carlos Leon等等里约热内卢建筑师。

66　巴黎城市及国家博物馆方案，1935年

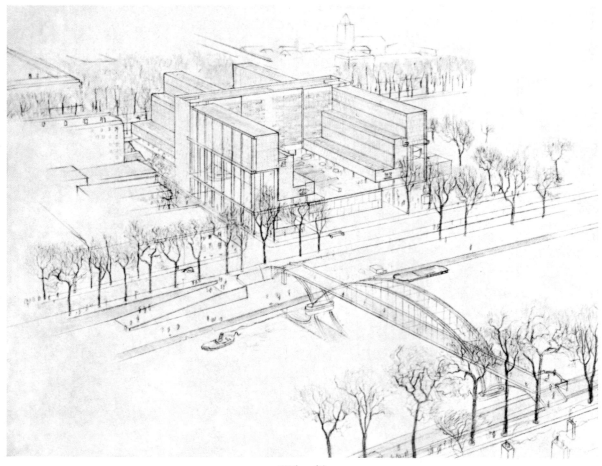

码头一侧

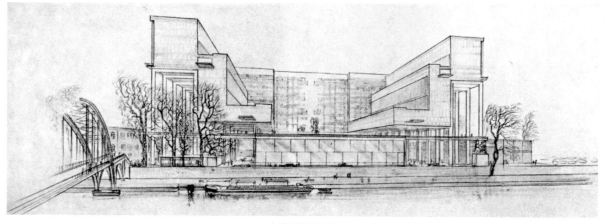

自塞纳河上观

巴黎城市及国家博物馆方案，1935年

竞赛由1937年博览会筹备委员会组织，题目是在同一基址上建造一个国家博物馆和一个巴黎城市博物馆。基地位于威尔逊大道与Tokio码头之间。

该方案在第一轮就被评委会淘汰出局，但它被刊登在"知识分子联合协会"出版的《Mouseion》杂志上。有关评论认为它是所有参赛方案中惟一可载入博物馆史的方案，即，惟一采用科学的现代博物馆藏品保管技术的方案。

看看这场靠不住的竞赛：任务书明确规定了挂镜线的长度，即博物馆的容积，它的体量，它的构思的关键。而被选中的实施方案（已实施），其挂镜线的长度还不到规定长度的一半。"这有什么关系"，一位颇有声望的评委说道，"我们可以把挂镜线对折嘛！"结果博物馆落成了，参观者发现根本看不到画——它们消失在一片反光后面。

报告厅的声学（即声音物理学）以及博物馆的光线入射法则（即光线物理学），这些才是工作的基础！当然，还有其他。

在此展现的这个方案的构思基于对自然光线的研究，光线被精确地引入房间。

这两个博物馆中的每一个都是如此：跨进大门，一场由博物馆的藏品构成的活动便连贯地展开，在完美的光线下，沿着倾斜的平面，交通毫无间断，看不到一部楼梯。

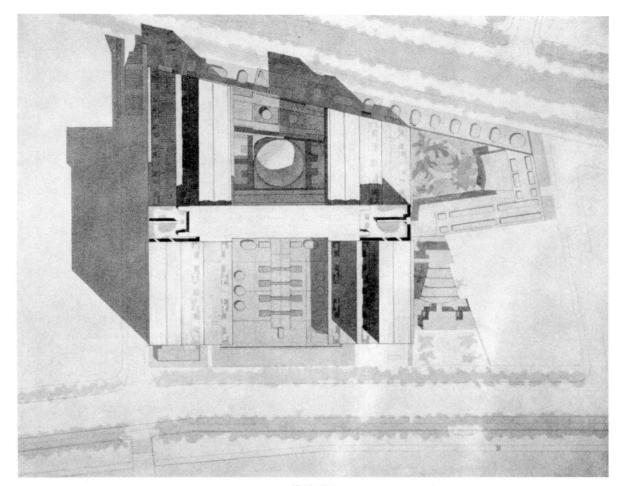

总平面图

68　巴黎城市及国家博物馆方案，1935年

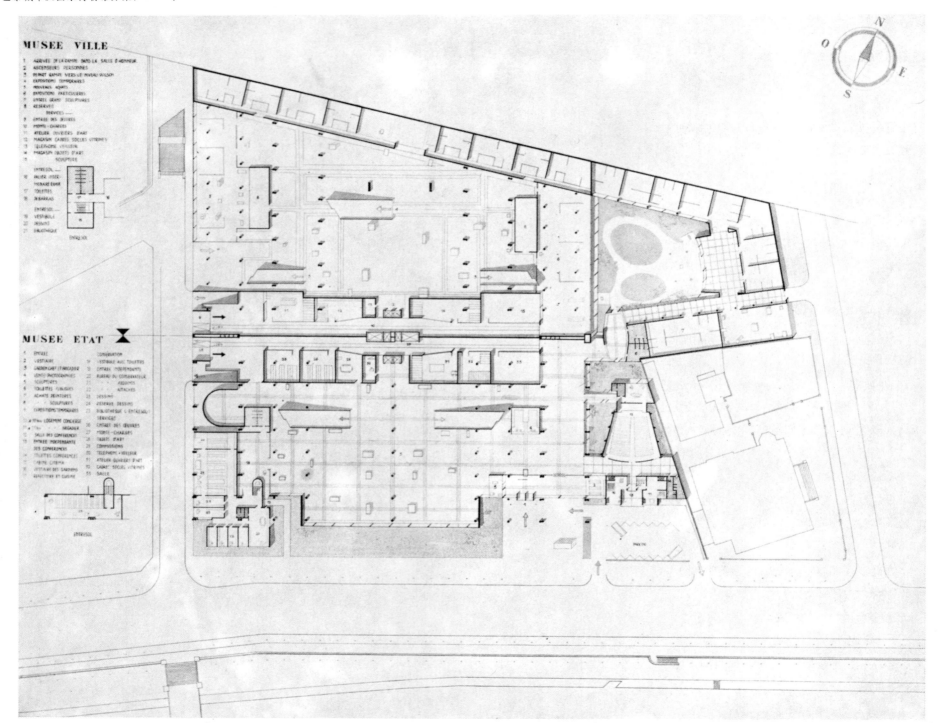

与 Tokio 码头（下方）等高的平面图；国家博物馆入口

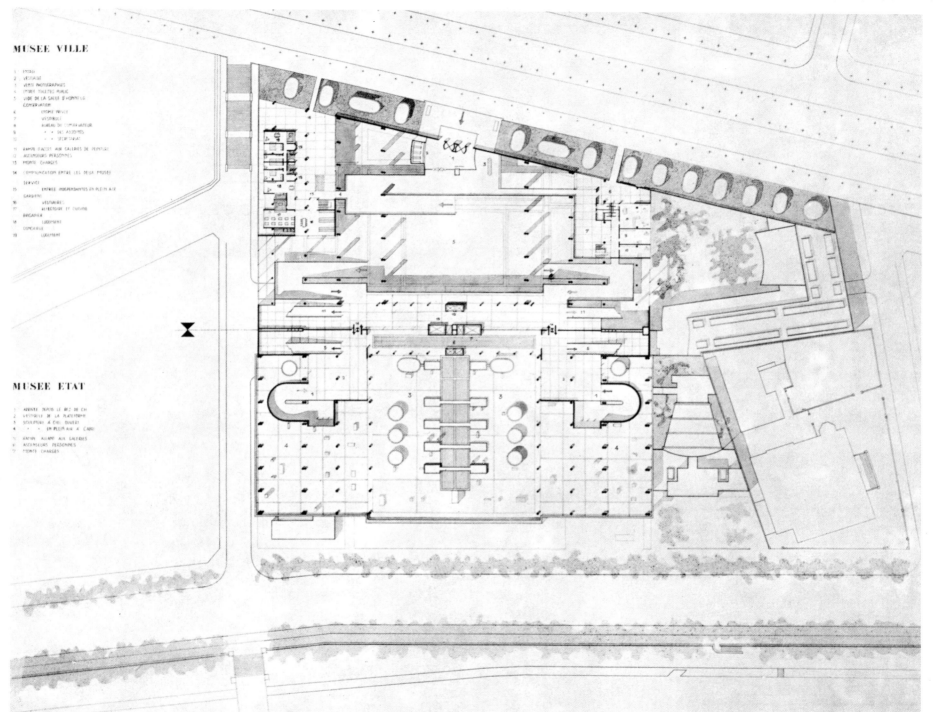

与威尔逊大街（上方）等高的平面图；城市博物馆入口

巴黎城市及国家博物馆方案，1935 年

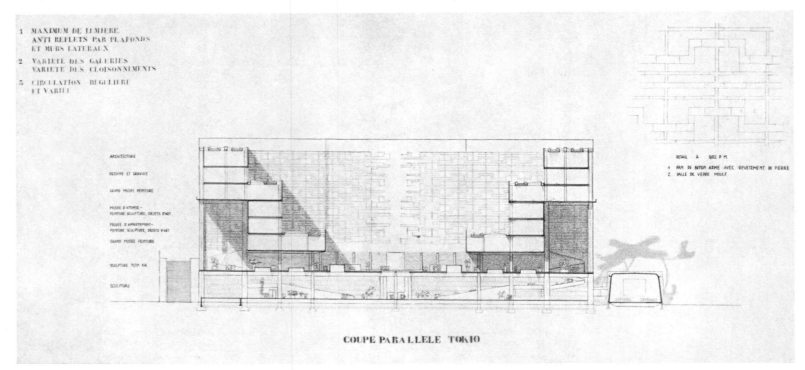

三分展厅剖面图

用混凝土板、玻璃和石材构成的立面细部

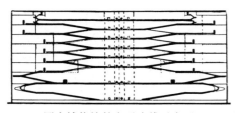

国家博物馆的交通流线示意图

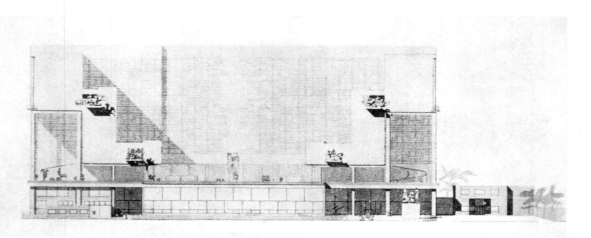

朝向 Tokio 码头的立面图

巴黎城市及国家博物馆方案，1935年

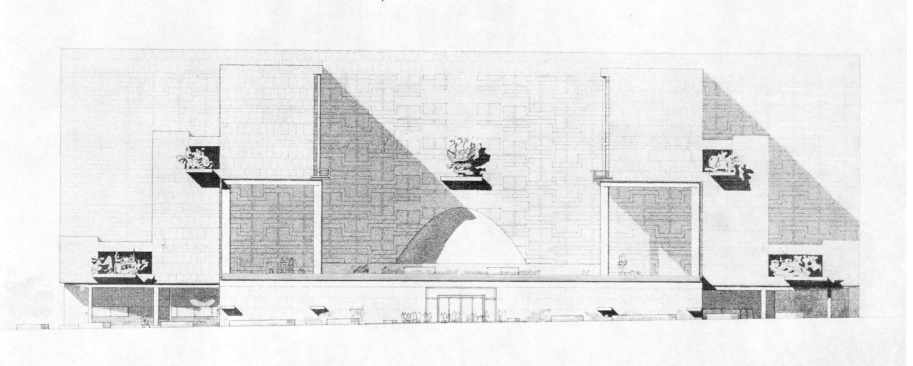

朝向威尔逊大街的立面图

在朝向Tokio码头和威尔逊大街的立面上，建议采用具有强烈动感、遒劲有力的雕塑作品

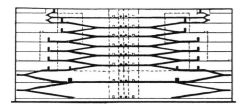

城市博物馆的交通流线示意图

参观者的流线是清晰的，如同一条山路，从左边和右边通向连绵的山谷。没有迂回的顺向行程构成游览式的参观，每个山谷都是一个被限定的博物分区。每一个分区可以两分或三分为位于外侧的习作展廊（那里陈列的作品暂时被认为不如主要参观流线上的作品有说服力）和位于中间的库藏展廊（在此光线充足，馆藏各个分区的藏品陈列在橱窗中）。

巴黎城市及国家博物馆方案，1935年

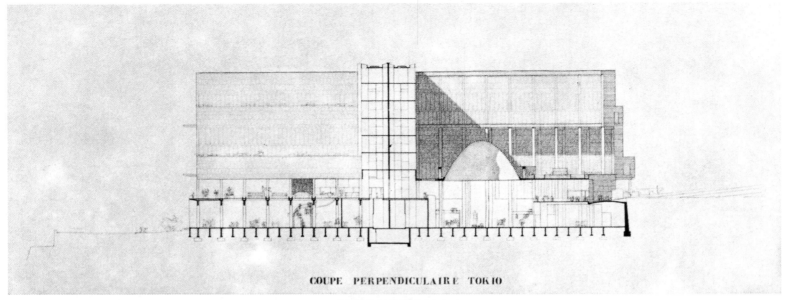

两座博物馆的横向剖面图

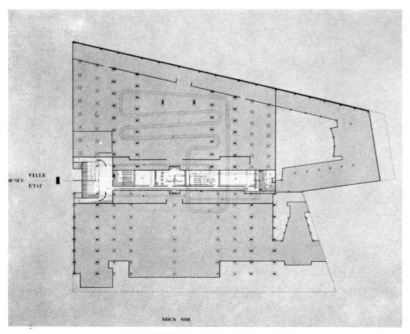

地下层平面图：卸货，分类，搬运

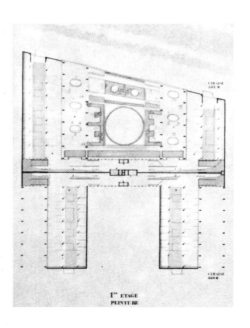
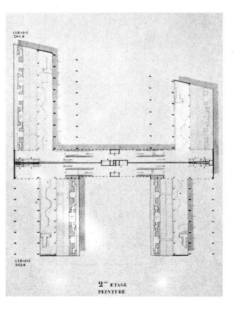

各层展厅的不同布置

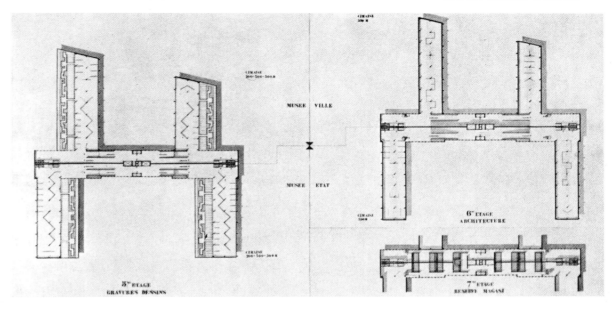

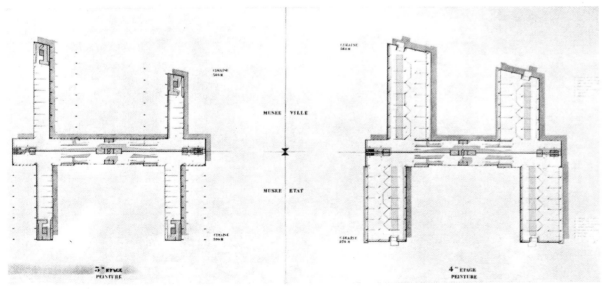

展厅布置无穷的多样性

另一方面，这座博物馆还是一部宏大的建筑交响诗——出人意料、亲密或壮丽的视点交织在一起；建筑各个器官的整个内部可以一览无余。

两个博物馆的分离是清晰的。但货物的到达、装卸、摆放和垂直交通等服务则资源共享。

最终，有机体量的概念也体现在外部，利用丰富的建筑资源，发挥露天雕塑的价值。

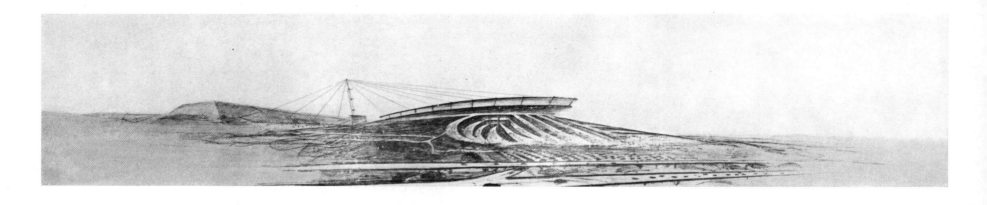

10万人国民欢庆中心方案,巴黎,1936~1937年

创建一种全新的设施,回应随着当代社会的发展而新近产生的功能。这样一个"中心",将为集体活动的组织者开辟前所未见的宏大创造的可能:通过建筑把讲演、戏剧、体操、音乐和舞蹈搬上舞台,通过建筑把10万观众组织起来,构成一个统一体。

大型团体操表演的游行队伍在舞台(可用作观礼台)前方的奥林匹克大草坪上排列开来,面向体操台(与环形大看台上方的大道相连通的高位平台)

10万人国民欢庆中心方案，巴黎，1936～1937年

用于大型表演的四棱锥台

支撑顶棚的桅杆

电影屏幕

舞台（游行，布景，演说者的讲坛，乐队席）

奥林匹克跑道

环形大看台

环形大看台的3个巨大的出口

检票处

公共交通：火车站，地铁站，公共汽车站，停车场

10万人国民欢庆中心方案,巴黎,1936~1937年

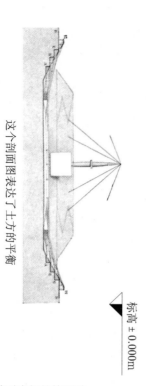

这个剖面图表达了上方的平衡

标高 ± 0.000m

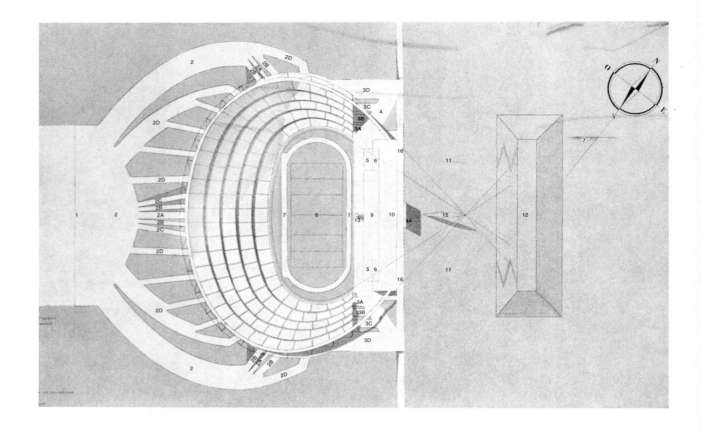

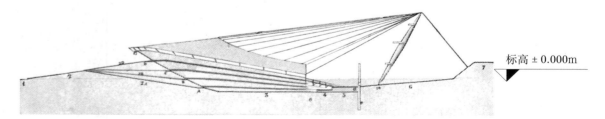

以一种柔性屋面(顶棚)作为体育场屋面的解决方案

标高 ± 0.000m

平面细目:
1. 排列成行的检票处
2. 分流平台
2A,2B,2C,2D 纺锤形的分流通道将人群注入环绕环形大看台的大道
3A,3B,3C,3D 将环形大看台周边大道上的人流引向游行队伍的活动场地
4. 游行队伍入口
5. 通往舞台的坡道
6. 从舞台通向体操台(高位平台)的坡道
7. 奥林匹克跑道
8. 足球场
9. 舞台
10. 体操台(高位平台)
11. 体操草坪(略倾斜)
12. 用于大型表演的四棱锥台
13. 演说者讲坛
14. 电影屏幕
15. 用于指挥和电影放映的桅杆(装备有扩音设备)

10万人国民欢庆中心方案，巴黎，1936～1937年

问题呈现出许多方面：

a）创建一个于各点都有利的配备最多样设施的环形大看台；

b）内部交通引导10万名观众的活动；

c）组织完美、互不干扰的外部交通（地铁、游览客车和公共汽车、小汽车和行人）；

d）交通衔接，位于检票处和环形大看台之间，绝对有效，高度灵活；

e）体育场屋面的提案（一个柔性的解决方案）；

f）基于土方平衡的构思（开挖的土方回填到地面层以上），钢筋混凝土的杰作；

g）宏大的景观，壮丽但不乏味。

外部，一种自然的现象；内部，一个贝壳般的纯粹。

10万人国民欢庆中心方案，巴黎，1936～1937年

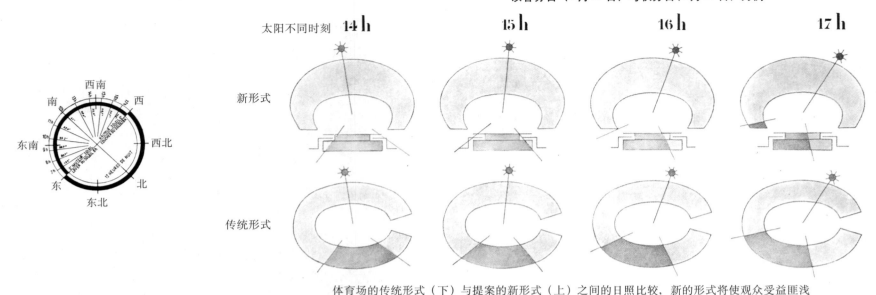

图解不同时刻受太阳不利影响的区域
以春分日（3月21日）与秋分日（9月21日）为例

太阳不同时刻　14 h　　15 h　　16 h　　17 h

新形式

传统形式

体育场的传统形式（下）与提案的新形式（上）之间的日照比较，新的形式将使观众受益匪浅

这样的"中心"当属国民。如今，有许多机会使人们得以在团结一致之中融洽情感，这种团结一致源自艺术所唤起的激情。

音乐、演讲、戏剧、哑剧、布景和造型等各种艺术形式，都将在此发现展现在它们面前的是新的无疆之域。

新的创造将不断涌现。

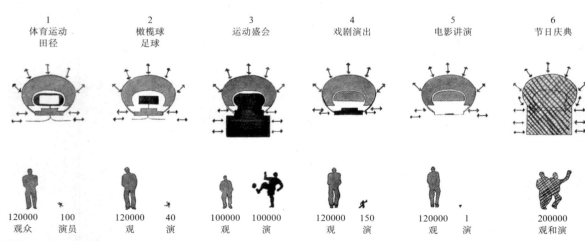

| 1 体育运动 田径 | 2 橄榄球 足球 | 3 运动盛会 | 4 戏剧演出 | 5 电影讲演 | 6 节日庆典 |

120000观众　100演员　　120000观　40演　　100000观　100000演　　120000观　150演　　120000观　1演　　200000观和演

这张简图清晰地表明了由"国民欢庆中心"的全新形式带来的巨大革新：采用各种设施以大大提高其使用率：田径和体育运动，足球和橄榄球，运动会，戏剧，电影，讲演，大型国家节日庆典等等

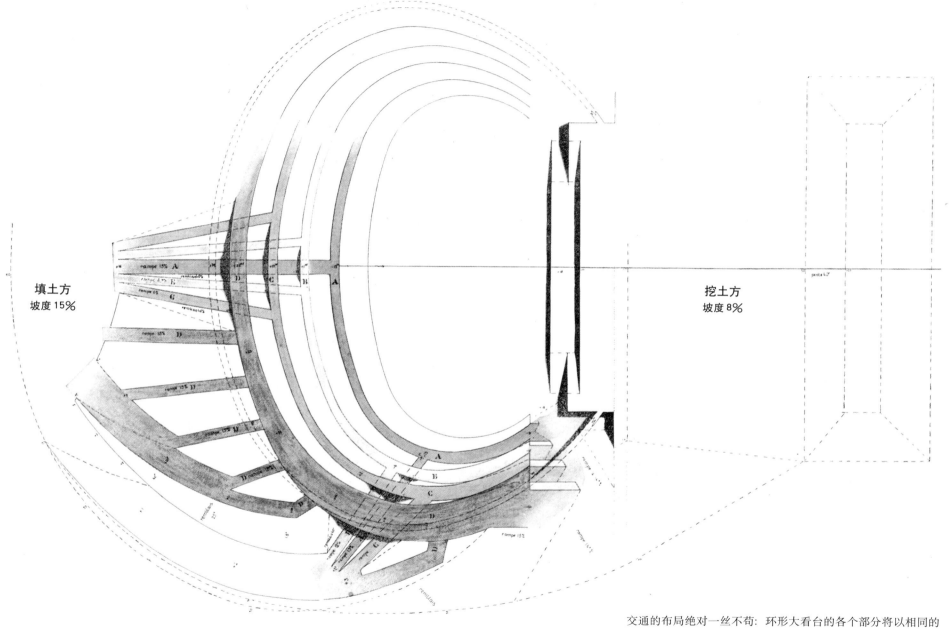

填土方
坡度15%

挖土方
坡度8%

交通的布局绝对一丝不苟：环形大看台的各个部分将以相同的节奏清空。沿着利用回填土筑成的大道往上或者往下，被引入与环形大看台同心的环状大道，这些大道自身向前向下倾斜，导向游行队伍活动的区域。在整个巨大的建筑中，没有一个人是经由楼梯行进的，只有坡道，平缓的坡道

10万人国民欢庆中心方案，巴黎，1936~1937年

巴黎市区范围内"欢庆中心"选址的不同提案。其中都包含针对交通问题的无懈可击的解决方案：地铁，公共汽车，游览客车，小汽车，行人。

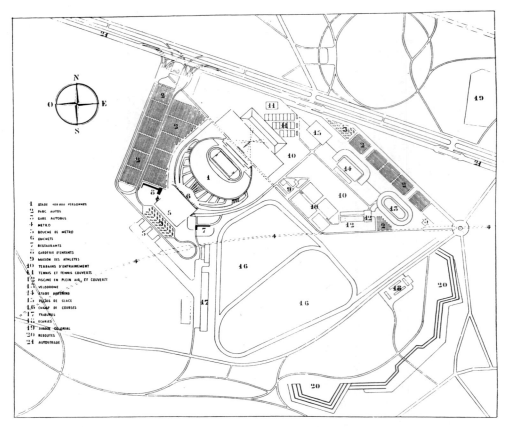

为温森纳森林（巴黎东部）所做的提案，与 Pershing 体育场（现存建筑 14）相衔接
图中可见巴黎东西向的主干道（21）

为巴黎南部所做的提案：位于 Gentilly 大学城内

位于布洛涅森林边缘的提案（巴黎西部）

10万人国民欢庆中心方案,巴黎,1936～1937年

采用一种柔性结构作为体育场屋面的解决方案

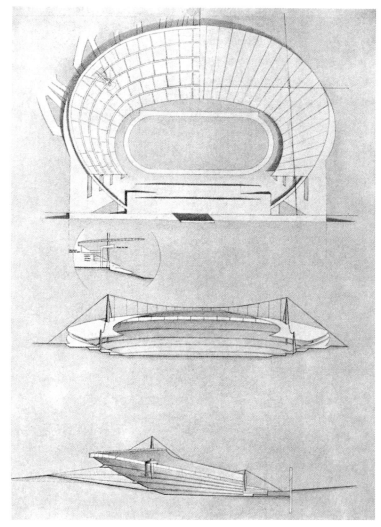

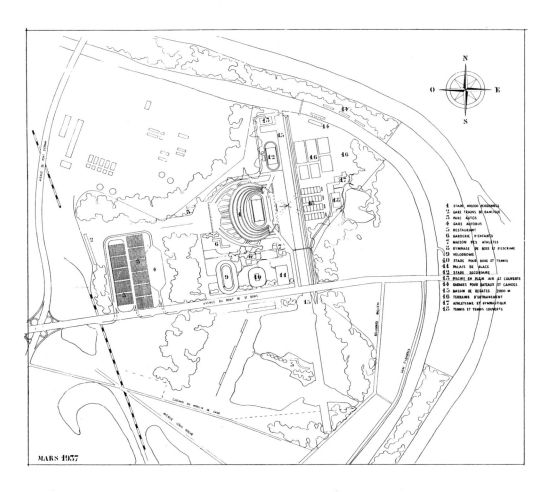

为巴黎北部所做的提案:Gennevilliers。这是一片占地极广的基址,其解决方案允许在"欢庆中心"周围布置各种有益于运动和庆典的辅助设施

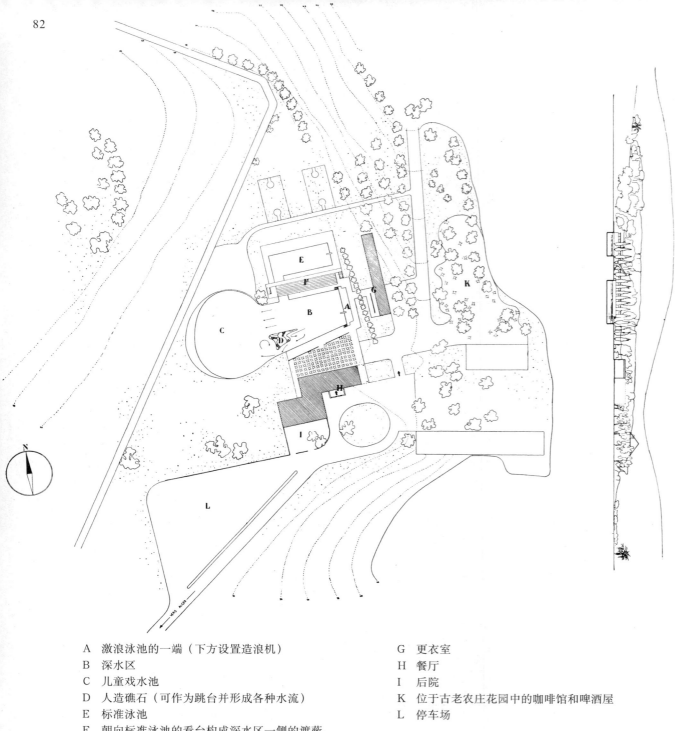

激浪泳场方案，业主Badjarah，阿尔及尔，1935年

A 激浪泳池的一端（下方设置造浪机）
B 深水区
C 儿童戏水池
D 人造礁石（可作为跳台并形成各种水流）
E 标准泳池
F 朝向标准泳池的看台构成深水区一侧的遮蔽
G 更衣室
H 餐厅
I 后院
K 位于古老农庄花园中的咖啡馆和啤酒屋
L 停车场

这块108hm²的地产是研究的对象，近年来，研究变得越来越紧凑［见《勒·柯布西耶全集（第2卷·1929～1934年）》，P143］，它将作为外国游客过冬的场所，或者为阿尔及尔人日常或周末的运动和休闲提供一个去处。

基地位于一个小山谷中，那里盘踞着一个古老的农庄。

泳池的形式对应各不相同的功能，人们打算通过机器来造浪。

激浪泳场方案，业主 Badjarah，阿尔及尔，1935年

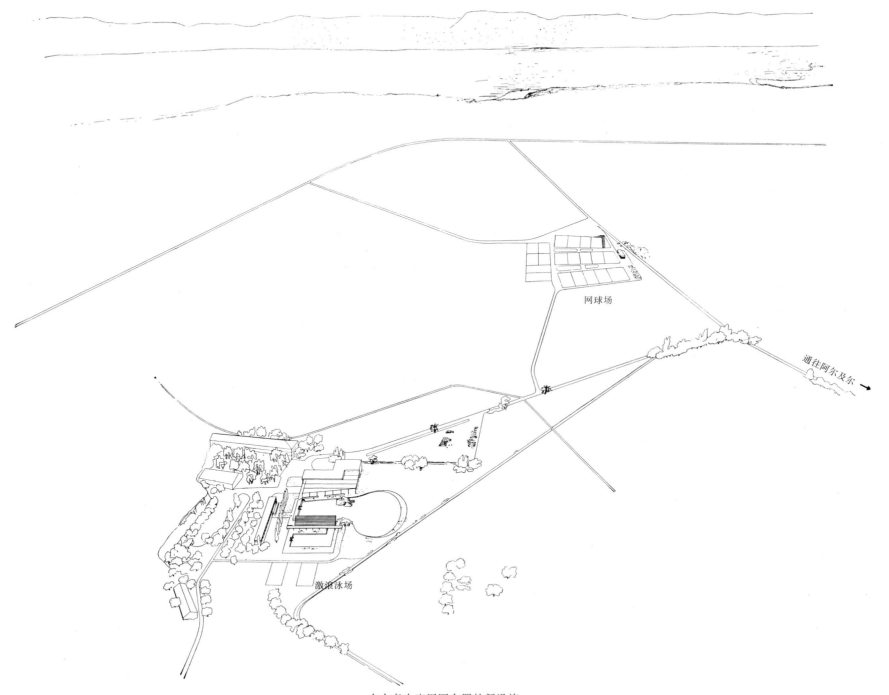

网球场

通往阿尔及尔 →

激浪泳场

在古老农庄周围布置的新设施

建筑及高架快车道

讷穆尔的拓殖建筑，北非，1935年

目的独特的建筑：在铁路开通、港口建成后，这个居民点将成为什么？

这个问题的答案尚不明确。但无论如何，目前的需求是明确的：

a) 一定数量的官员住宅；

b) 一处乘客旅馆，设有为城里人服务的餐厅；

c) 一个咖啡厅；

d) 一个供应生活必需品的百货商场；

e) 一个集会厅，用于电影、戏剧、讲演、节日庆典等；

f) 备有大量车位的汽车库；

g) 以上诸项的行政管理。

这是一个惊人的综合体，真正的拓殖工具，临时的集中建筑。在适当的时候，其组成要素将彼此分离，回到城市总体规划指定的地点（见本卷第一个方案："讷穆尔的城市化"）。

目前，总体规划中所涉及的高架快车道得到了重视，作为过境交通，它穿过但不干扰商业区和工业区的任何功能。

讷穆尔的拓殖建筑，北非，1935年

1 地下层：坡道，车库，机修车间，各种地下室
2 首层：酒吧，咖啡厅
　　乘客旅馆入口
　　大厅，店铺和商场
　　高速路的底层架空柱
3 中二层：职员居住主体
　　指挥及行政管理
　　3个跃层式楼层供官员居住
4 二层及三层：乘客旅馆
　　（二层与高架高速路的路面位于同一标高）
5 以上诸层：供官员居住的跃层式公寓

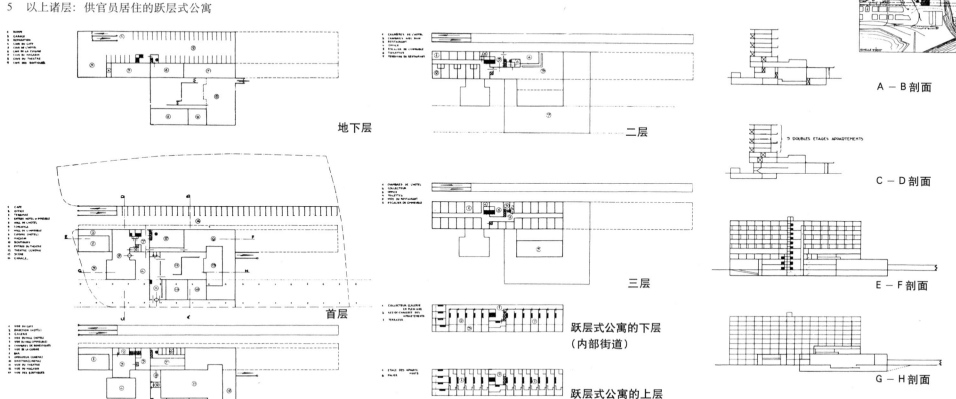

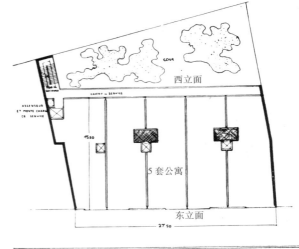

5套公寓沿纵深方向布局

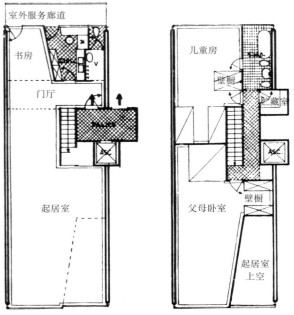

组织住宅体量的新方式

Fabert 大街出租公寓，巴黎，1935 年

柯布和皮埃尔为出租公寓所带来的根本变革在于——为每套公寓创建一种新型的建筑体量。"玻璃墙面"的使用带来了全新的、具有多种可能性的解决方案：层高4.50m，可一分为二（2 × 2.20m）。这适用于每一套公寓。从此，一套住宅将沿着横向而不是纵向贯穿建筑的两个立面，由此产生了光辉城市"进退式"居住区在密度上的整体策略。

这是一个典型的例子，一栋高档公寓楼。在立面上，我们看到的不是传统的2套而是5套公寓。

组织与力量的明证，阿尔及尔摩天楼具有一种象征意义，子午线的巴黎—阿尔及尔—赤道非洲

阿尔及尔城市化续篇（商业城），1938年

[这项研究始于1931年，参见1935年出版的《光辉城市》以及《勒·柯布西耶全集（第2卷·1929～1934年）》]

1931～1936年，在阿尔及尔经历了一系列的失败之后，情况似乎有了变化。1937年底，柯布被政府任命为"阿尔及尔地区规划常务委员会"的会员。他从一开始就极力推荐的合理的解决方案终于找到了适合的基地。在此，他与港埠总督兼委员会主席雷诺（Renaud）先生的合作有了结果。

这是一个与地区的整体规划衔接完美的商业城，可容纳1万名雇员。还能一举两得，在这里创建名至实归的阿尔及尔公民中心。疏通清空当前被办公楼侵占的米切来特（Michelet）大街，将它归还给居住，并最终为阿尔及尔的汽车交通提供一条出路。

摩天楼的设计特别考虑了各个面的日照时数，根据不同的情况所提出的解决方案体现了建筑的多样性。

如此装备的马林（Marine）区显然将成为一个意义重大的场所；它代表着阿尔及尔——非洲的首领。

马林区的摩天楼，高达150m，可容纳1万名雇员，辉煌地挺立在阿尔及尔岬角

农田改组：合作村庄，1934～1938年

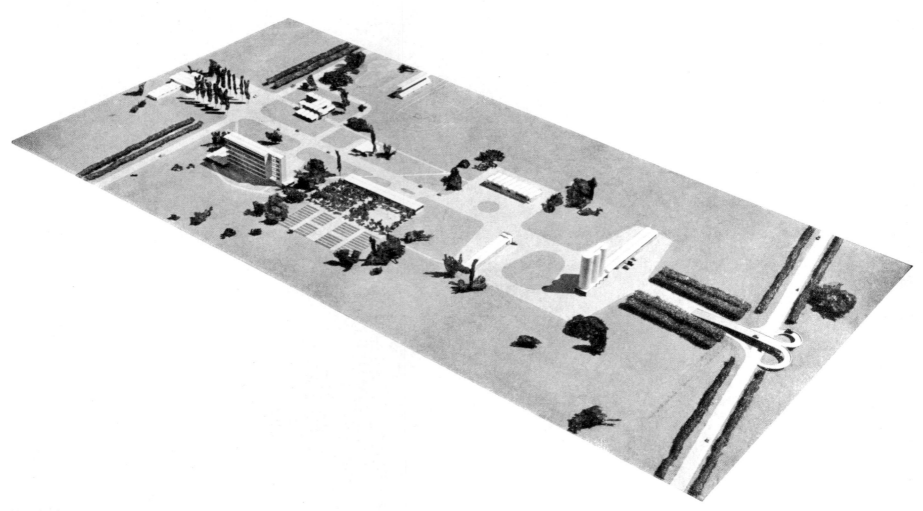

村庄鸟瞰

建筑类型的创建严格服从理性，其布局取决于交通的法则，取决于最合理的建筑形态和毗邻关系。

农田改组：合作村庄，1934～1938年

这项研究已经进行了漫长的几个年头，并且从未中断地继续着。如今（在"光辉农场"的概念被明确提出之后），法国合作村庄的框架得以确立。这项研究所针对的是Sarthe地区，当然，它将根据法国各省气候与习俗的差异作出调整，以适应当地迫切的需要。这里再现的资料，构成1937年巴黎国际博览会新时代馆展示的一个重要组成部分——农田改组。在以下两本书中可以收集到这一问题的相关资料：《枪炮，弹药？不，谢谢！请给我们住宅》（塞纳河畔的布洛涅区，今日建筑出版社，1938年9月）和《居住与休闲，1937年巴黎CIAM第五届年会》（出版社同前）。

合作村庄在法国有它的位置，适用于那样一些地区——由于地貌、水体和体制等原因，其土地的种植仅通过散布在辖区内的家庭农场来实现。于是首先以公共机构作为乡村生活的控制器——筒仓用于控制生产，生活必需品的供应站用于控制购买。

继而是今日的传统器官：政府，学校，邮局。还有一种回应农村新生活的新器官：可开展体育活动的俱乐部。最后，是一个对家庭结构进行合理调整的标志：出租公寓，它体现了"公共服务"的益处。未来合作村庄的建造技术是解决经济问题的关键。农场（"光辉农场"）及合作村庄，应由标准的金属构件装配建造。这一大规模的批量生产，将在冶金工业中完成，这同时也是冶金工业的一项基本任务：重新武装乡村、农场和村庄。农场建筑的结构考虑使用钢管，并采取标准的平拱。这种农场建筑采用可拆卸的模板浇筑钢筋混凝土的平拱薄壳，上覆土层，可以种植草和灌木。新的农场建筑就这样在优雅拱顶的轻巧之中诞生了，它们重新披上了青绿，与周围的景色融为一体。

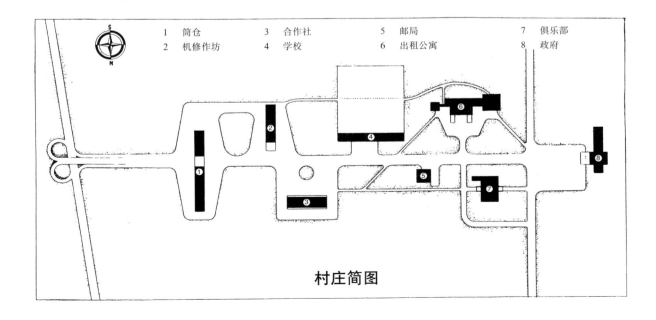

1 筒仓　　3 合作社　　5 邮局　　　7 俱乐部
2 机修作坊　4 学校　　　6 出租公寓　8 政府

村庄简图

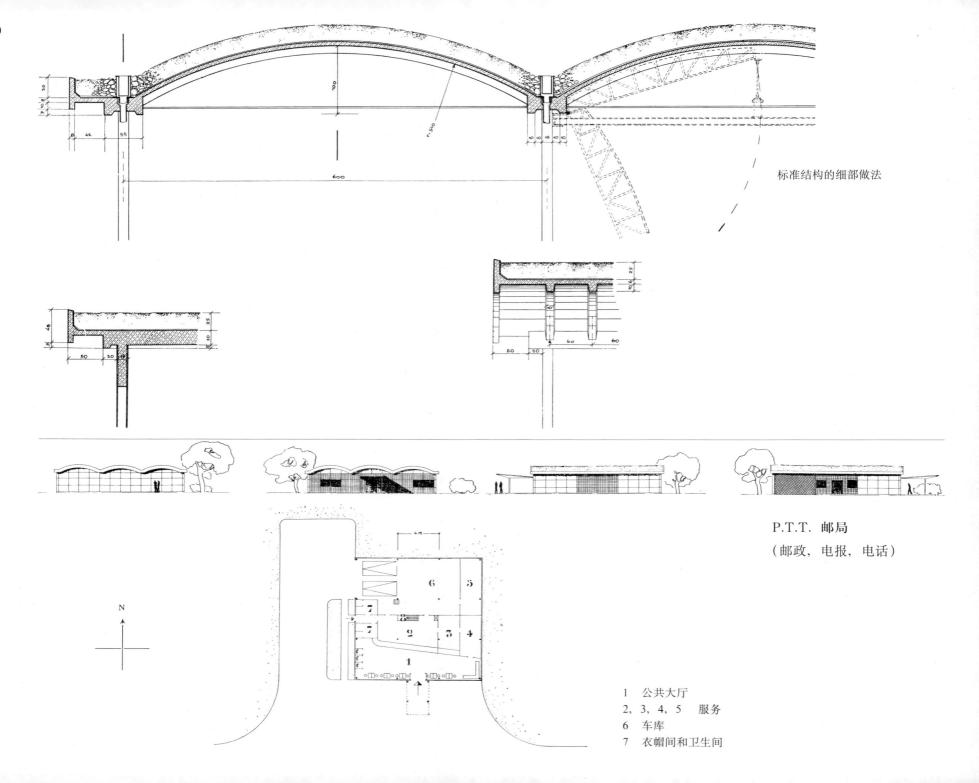

标准结构的细部做法

P.T.T. 邮局
（邮政，电报，电话）

1 公共大厅
2，3，4，5 服务
6 车库
7 衣帽间和卫生间

国道旁村庄全貌

从政府一侧看村庄

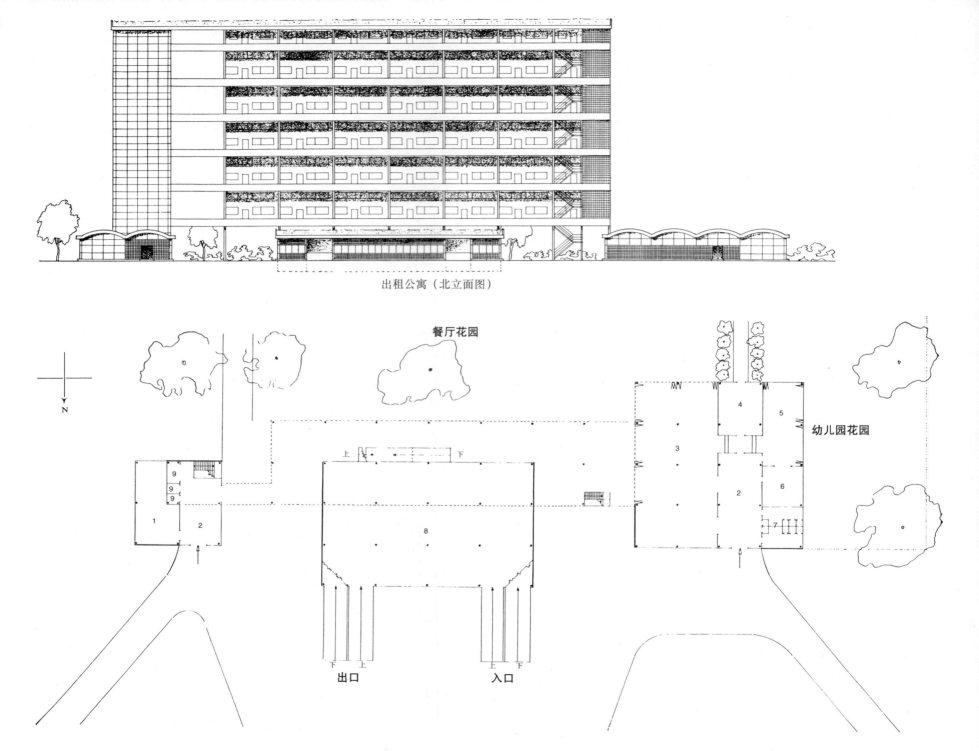

出租公寓（北立面图）

餐厅花园

幼儿园花园

出口　入口

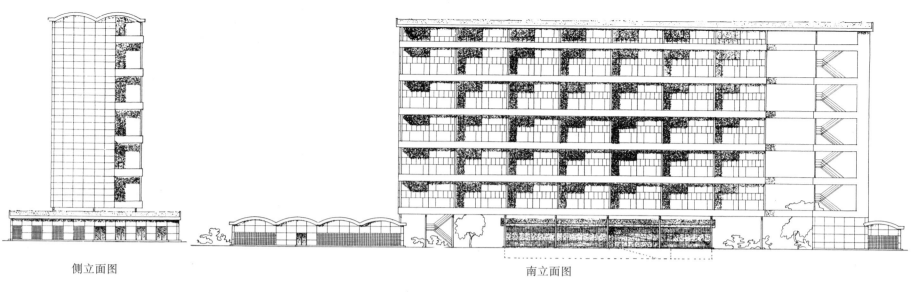

侧立面图　　　　　　　　　南立面图

出租公寓

这里包含 35 套住宅和 14 间农民工单身宿舍。它取代了村庄中同等数量的独立住宅。应农民们的要求，公寓体现了为他们设置的公共服务的所有益处：采暖，清洁，园艺……卫生保健（医疗咨询，门诊，紧急救护）。

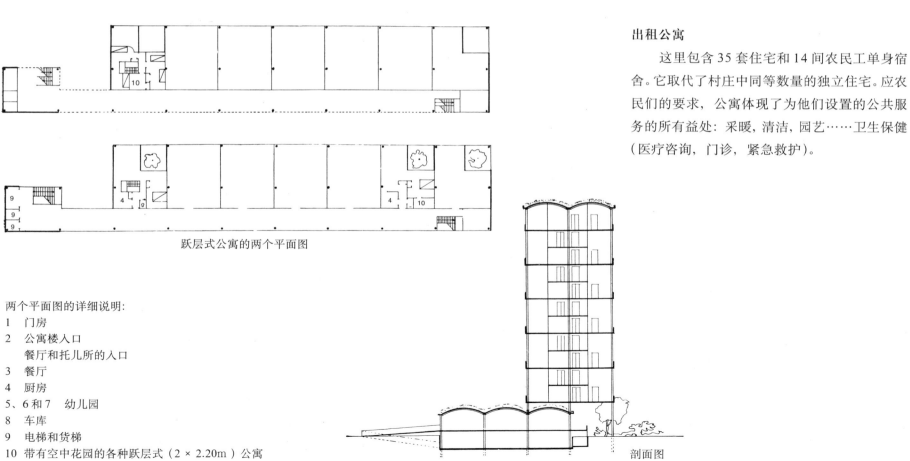

跃层式公寓的两个平面图

两个平面图的详细说明：
1　门房
2　公寓楼入口
　　餐厅和托儿所的入口
3　餐厅
4　厨房
5、6 和 7　幼儿园
8　车库
9　电梯和货梯
10　带有空中花园的各种跃层式（2×2.20m）公寓

剖面图

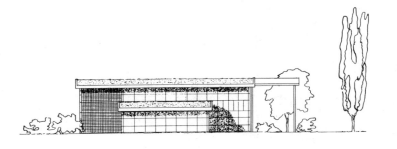
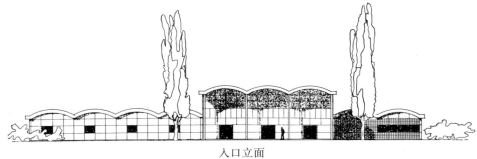

入口立面

政　府

法国最古老的机构，位于村庄轴线的端头。

1　前厅和柱廊
2　婚礼大厅
3　档案室
4　秘书办公室
5 – 8　村长办公室
6 – 7　村委会议室
10 – 11　衣帽间和卫生间
12　门房

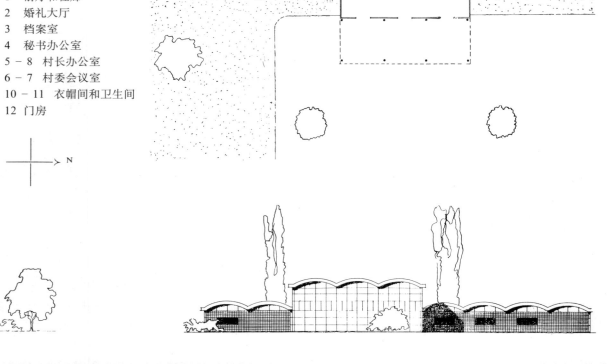

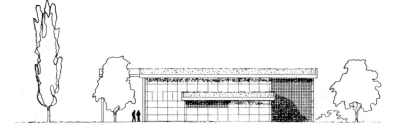

邮局　　体育场的双向看台　　出租公寓　　俱乐部　　游泳池　　　　　　政府

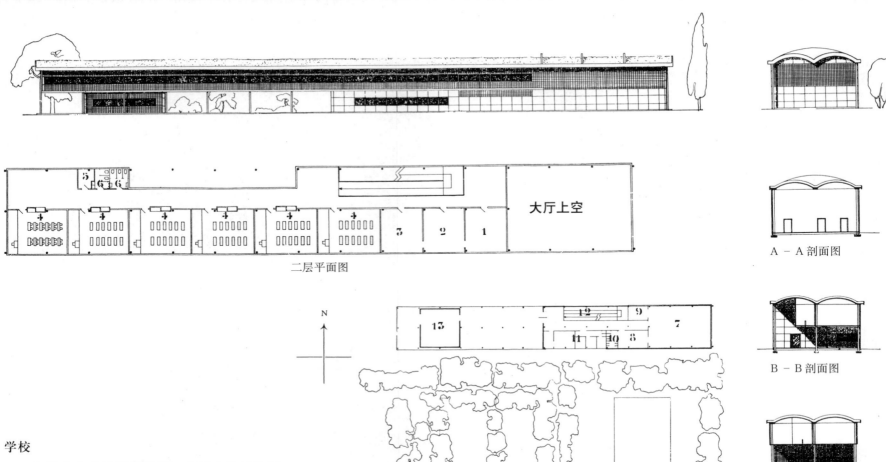

学校

建筑的完整性通过设置一个巨大的植物园达成。见总图。

首层平面图
1 秘书办公室
2 校长办公室
3 教员休息及收藏室
4 教室
5-6 卫生间
7 大厅
8, 9, 10 淋浴及衣帽间
11 门房
12 通往教室的坡道
13 手工劳动作坊

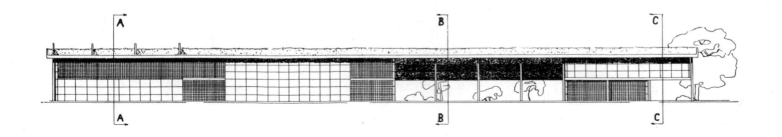

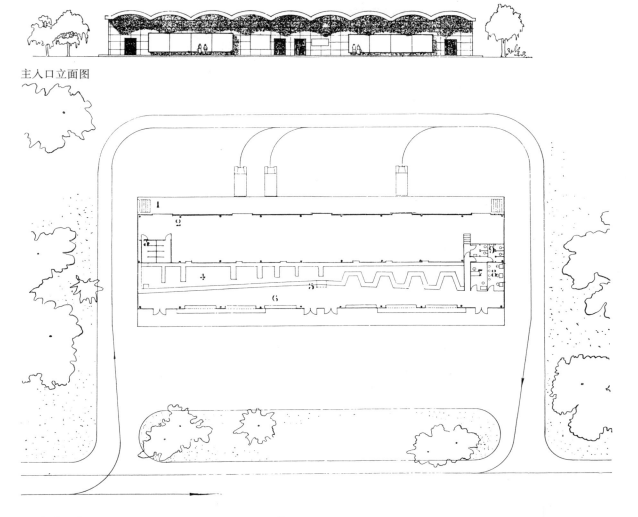

主入口立面图

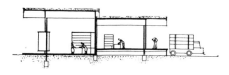

剖面图

这个剖面图出了个错误：卸货平台（1），仓库地平（2），商店地平（4和6）及商店门口的人行道应位于同一标高。商店门口的人行道也将成为一个装货平台，就如同设在店铺后方的卸货平台（1）

生活必需品供给合作社

食品杂货，缝纫用品，针织品，肉类，鱼类，五金制品……生活必需品的供给是现代社会最迫切需要的机构之一。应当为它安排确切的地点和场所。

1 卸货平台
2 存储仓库
3 冷藏室
4 售货台
5 收款处
6 销售厅
7 管理处
8 理发店
9 卫生间

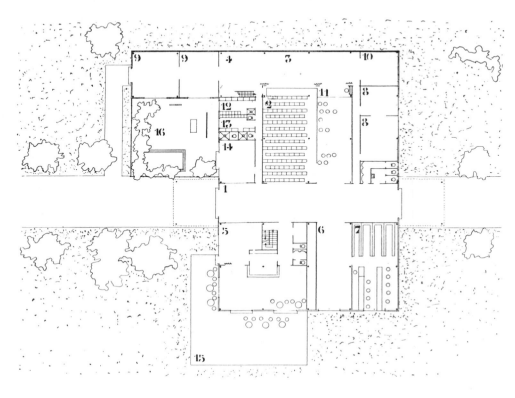
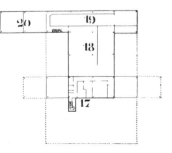

1　门厅
2　观众厅
3　舞台
4　观众厅的侧面布景
5 + 15　咖啡座
6　民俗博物馆
7　图书室
8　委员会及小会议厅
9 – 10　作坊
11　乐师席
12 – 13　化妆室
14 – 16　托儿所和花园
17　门房
18 – 20　大厅、舞台和作坊上空

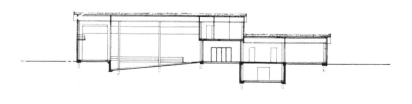

俱乐部

据农民们说，按照需要的迫切程度排序为：筒仓，生活必需品供给，俱乐部——西方人的一个全新的工具（无论在城市还是在乡村）。俱乐部，是联谊的场所，是讨论经济、社会、政治事务的集会场所，是娱乐（电影、戏剧等）和教育的场所，最终将成为创造的场所：娱乐会激发各种创造才能，并在合适的地点和场所为人们提供表达的途径（在此，公共空间1、2、11、6、4、9、10的安排将促成一场乡村戏剧的诞生）。

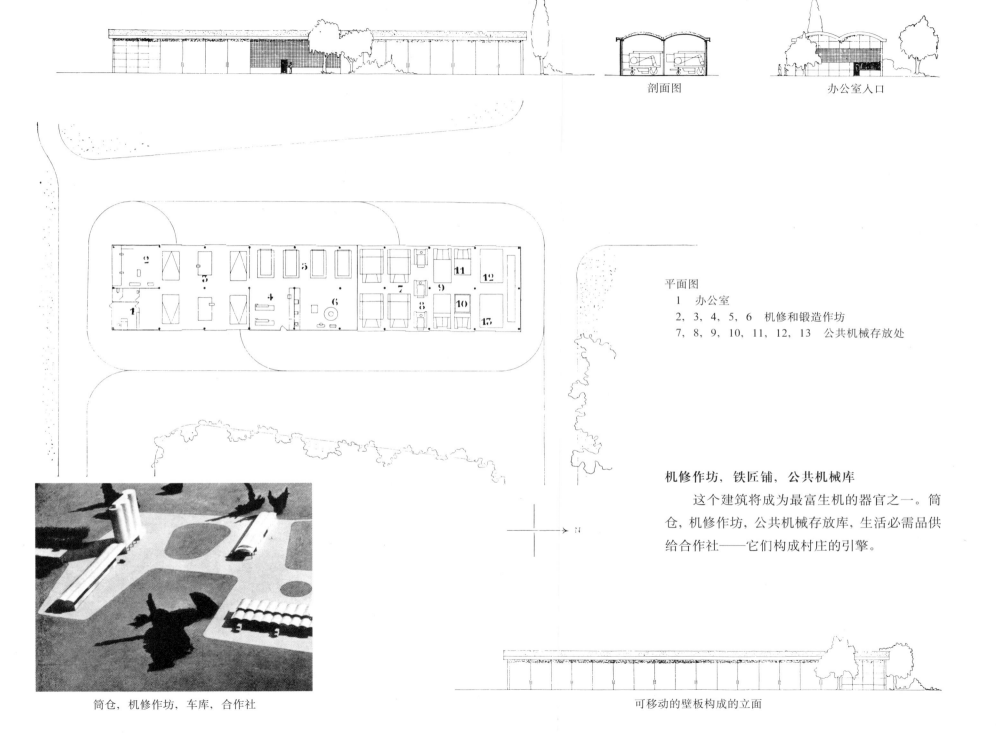

剖面图　　办公室入口

平面图
1　办公室
2，3，4，5，6　机修和锻造作坊
7，8，9，10，11，12，13　公共机械存放处

机修作坊，铁匠铺，公共机械库

　　这个建筑将成为最富生机的器官之一。筒仓，机修作坊，公共机械存放库，生活必需品供给合作社——它们构成村庄的引擎。

筒仓，机修作坊，车库，合作社

可移动的壁板构成的立面

Bat'a专卖店（标准化），1936年

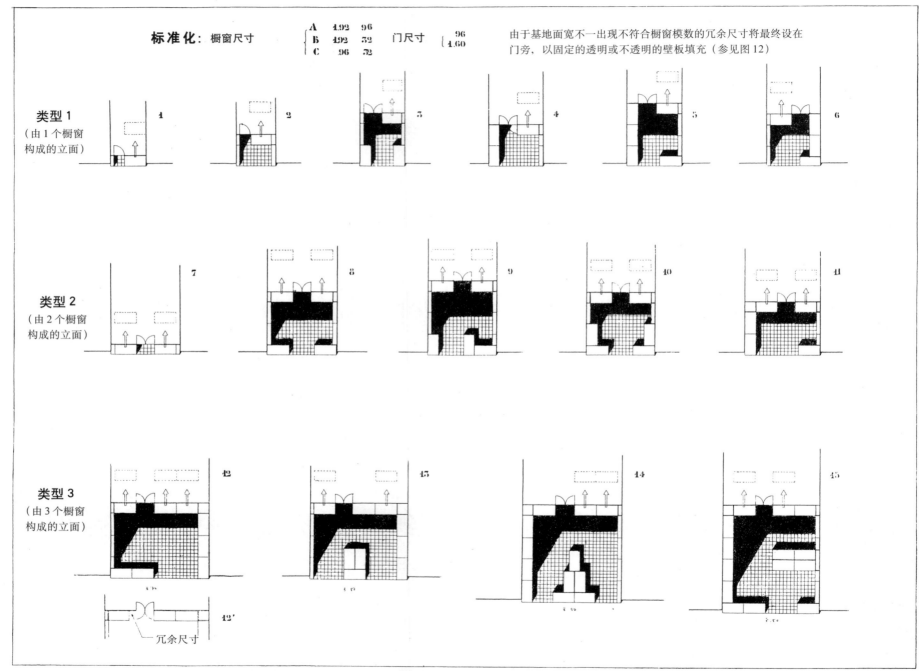

对"门廊"类型的研究。在此，位于两界墙之间的店铺的基本构成要素是"玻璃橱窗"（一种深，一种浅）。门廊充当诱饵。夏天，靠里的橱窗被挪入室内，店铺与门廊合二为一。公众被"吸了进去"

销售，绝对是生产的对等物。对于"Bat'a"这样一个跨国企业，其销售的进行当以数学的精确来保障。在哪里销售？在专卖店里销售，无处不在的专卖店遍布市、镇、村，它们可以很大，可以很小，也可以不大不小。问题是要能吸引路人的注意——让他在街道上停下来；向他呈现琳琅满目的商品；让他几乎是下意识地推开店铺的门；让他坐下来，以商品的充裕和服务的快捷来赢得他的信赖；然后，在他步向收银台之前，再为他的好奇和贪婪提供大量附带的小商品……他付款，他高高兴兴地离开，因为享受到良好的服务，因为一下子得到了需要的东西，而他平时却不知道在哪里可以买到……

整整两个小时，董事长 Jean Bat'a 先生不厌其烦地向柯布解释与销售相关的一切，直至最微小的细节，他要柯布帮助他完成好这必须的环节——销售。

为全世界的Bat'a专卖店确立标准，带来统一、多样、经济、效率。

设计得体的专卖店，既不奢华也不过分讲究。Bat'a是务实的，它面向大众。

Bat'a专卖店（标准化），1936年

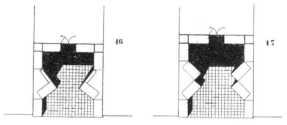

类型2（由2个橱窗构成的立面）

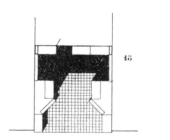

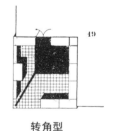

类型3（由3个橱窗构成的立面）　　**转角型**

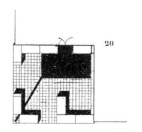

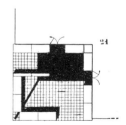

转角型

适合于街道拐角处的专卖店门廊

问题的另一个方面：在门廊之后的室内。构成要素：货架，橱柜，座椅，收银台。此外Bat'a专卖店还有一个基本要素：修脚间（位于店铺尽端）。

首要问题是交通流线的组织，其次是标准尺寸的确定。

"标准"的问题增加或大大增加了难度。那些在千百种个别情况下是可能的、可行的、可以容忍的，在"标准"的问题下都变得不可行。然而一旦找到解答，一切都显得简单明了，似乎是自然而然。

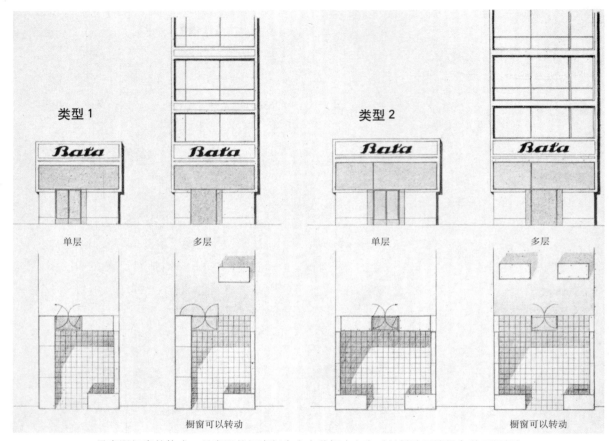

最底限门廊的构成。最底限的门廊衍生出多种解决方案（材料选用淡绿色釉面钢板）

Bat'a 专卖店（标准化），1936 年

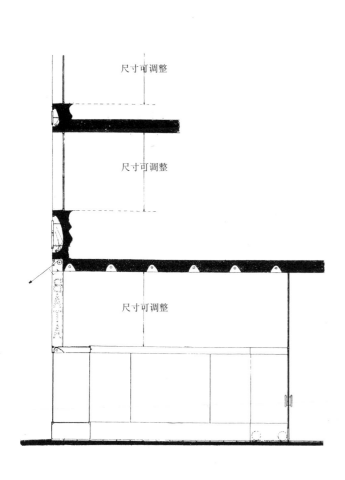

剖面示意图，作为门面，从远处，眼睛就被发光的"Bat'a"所吸引。这个门廊的照明原则至关重要

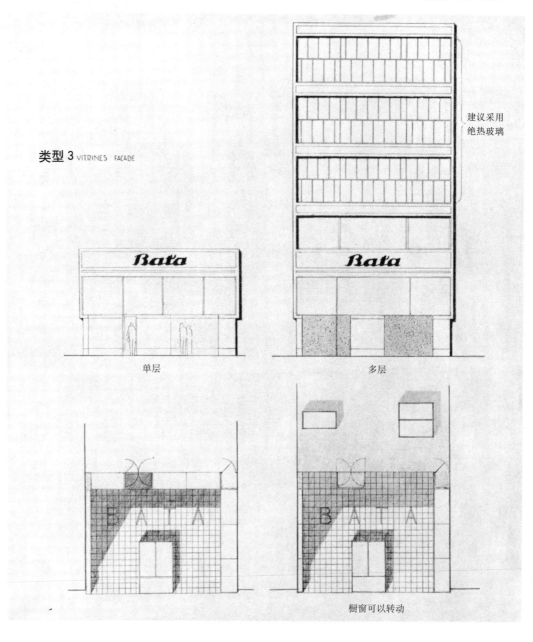

104　Bat'a 专卖店（标准化），1936年

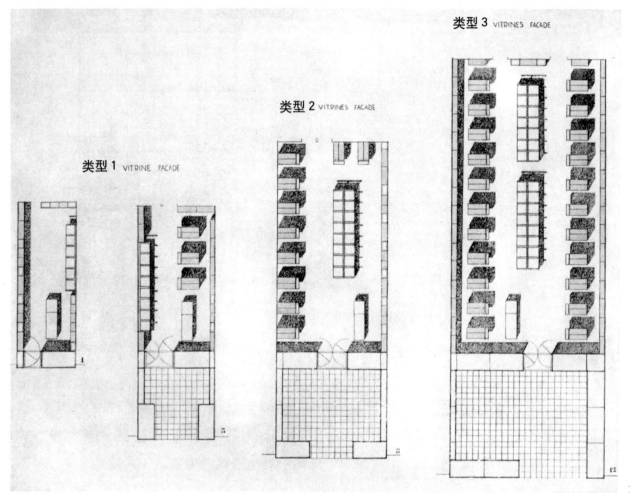

大小不同的专卖店的构成

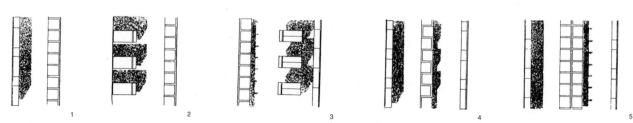

1~5 玻璃橱柜组合类型一。室内构成要素：货架和座椅

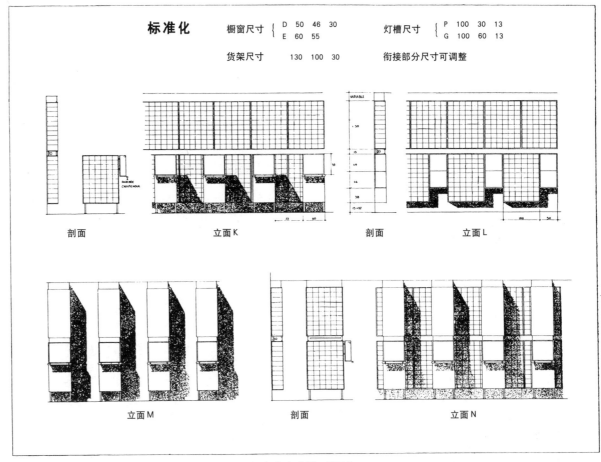

专卖店内墙正视图

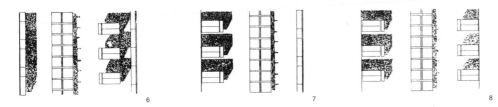

6~8 玻璃橱柜组合类型二。室内构成要素：货架和座椅

9 玻璃橱柜组合类型三

青年公寓的家具构成,布鲁塞尔博览会,1935年

费尔南德·莱热的壁画

该项设计委托给夏洛特·贝茜昂,René Herbst 和 Sognot。柯布-皮埃尔事务所只是部分介入:

a) 一套钢制家具;

b) 一张板岩桌;

c) 一面板岩墙。

钢制家具(系列)所涉及的研究包括:

a) 确定格架的模数[延续了1925年"新精神馆"(见第1卷),及1927年"秋季沙龙"(见第2卷)的研究];

b) 通过"模数-格架"实现室内设施多样化的示范;

c) 肯定一种精确、清晰、卓越、可贵的审美,这种审美能为现代家具注入优雅和高贵的"血脉";

d) 借助高度精确、资源无限的技术(照相制版),借助造型和情感的雄辩,以最美的金属丝镶嵌画创造性地再现富于诗意的主题(这是在布宜诺斯艾利斯演讲的图解:"永远的巴黎",以及图文并茂的示范——"光辉城市")。

我们曾会见昂热(Angers)的一个大型板岩矿负责人,我们对他说:"我们不再需要板岩覆盖屋面。但,这里是一张厚80mm的漂亮的板岩桌,还有一面板岩墙,地面也可以是板岩的,所需板岩的面积将是用于屋面的3~8倍……想想看! 我们不会再同您的板岩屋面作对,您倒是可以与我们在住宅室内方面合作,扩大板岩的生产!"

青年公寓的家具构成,布鲁塞尔博览会,1935 年

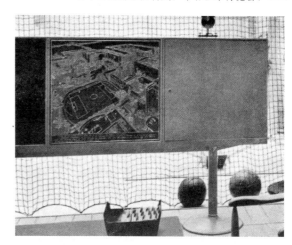

金属丝镶嵌画(机制工艺),选自"光辉城市"。
一套精确的设施安放在"模数-格架"内部

108　巴黎市郊的一栋周末住宅，1935年

从客厅望草坪中的凉亭

巴黎市郊的一栋周末住宅，1935年

这是一栋位于树木屏蔽之后的小住宅，设计必须遵守的原则是：使它尽可能不被看见。结果：建筑的高度降至不足2.60m，被安置在基地的一隅；平拱屋面上覆土植草；选择极为传统的材料——以裸露的磨石粗砂岩砌筑。

正是如此：磨石粗砂岩的墙体；钢筋混凝土的平拱屋面，其上覆土植草；"Nevada"玻璃砖或者明净的玻璃墙面；顶棚内衬胶合板，裸露的磨石墙内侧刷白石灰浆或者也衬以胶合板；地面铺白色陶瓷方砖；壁炉和烟道以清水砖墙砌筑。

这样一个住宅方案的拟定需要极度的细心，于此，构造是建筑的首要关注。

一个典型的跨度提供了建筑形态的基础，其影响一直延伸到位于花园中的小凉亭。

这里存在材料间的对比：表面自然外露的磨石砌体，内侧刷白；顶棚及墙面的胶合板；砌筑壁炉的清水砖；地面的白色陶瓷方砖；"Nevada"玻璃砖；桌面的云母大理石。

起居室。有关现代建筑的重大问题之一（许多方面具有国际性），就是合理确定材料的使用。事实上，除了由形式上的新审美和技术上的新资源所确定下来的新的建筑体量之外，材料固有的特性将赋予建筑一种独创而明确的品质。

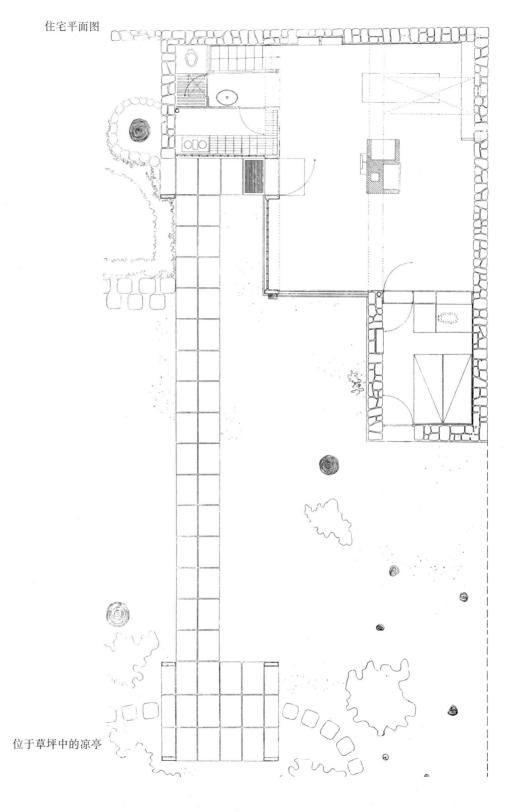

住宅平面图

位于草坪中的凉亭

110　巴黎市郊的一栋周末住宅，1935年

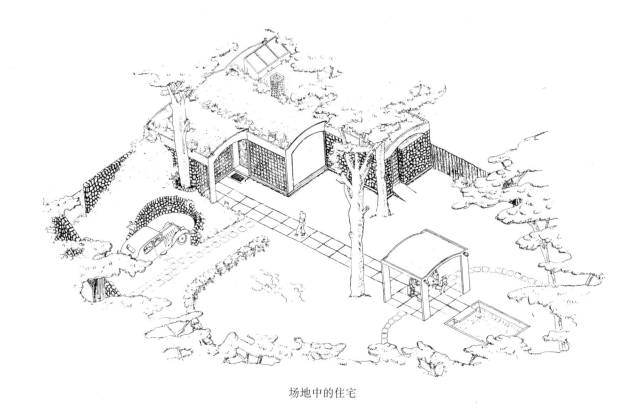

场地中的住宅

花园的凉亭与住宅以一种精确的关系相联通

覆草的屋面

巴黎市郊的一栋周末住宅，1935年

宅前的草坪

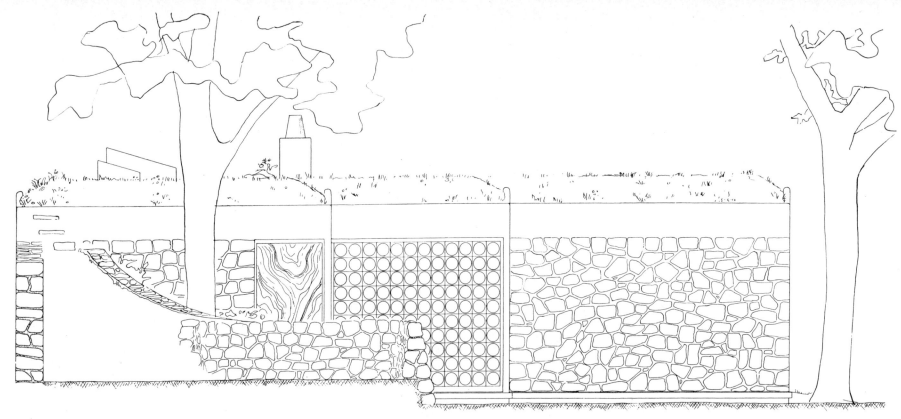

侧立面图，斜坡通向屋顶

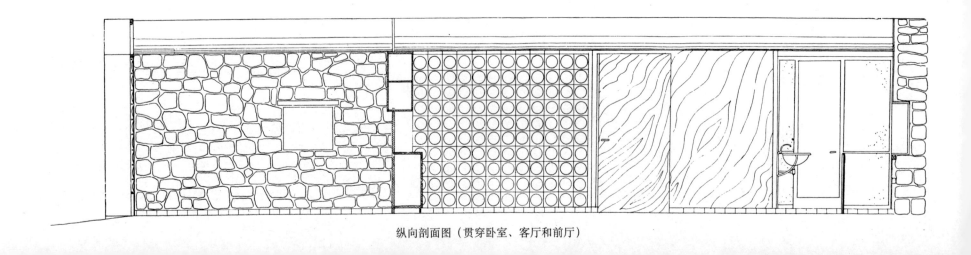

纵向剖面图（贯穿卧室、客厅和前厅）

巴黎市郊的一栋周末住宅，1935年　113

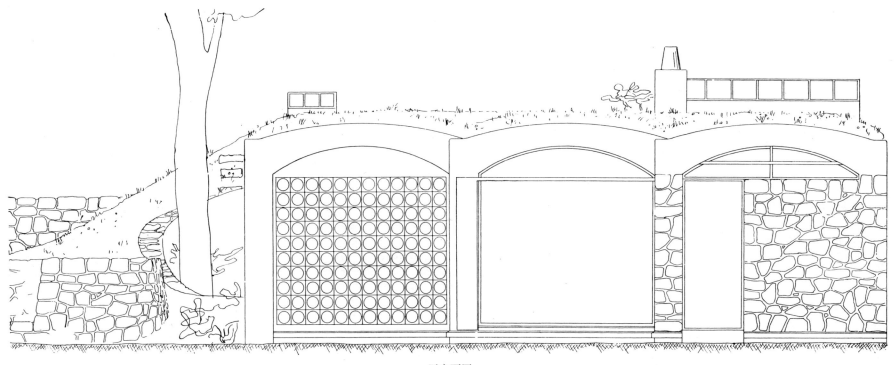

正立面图

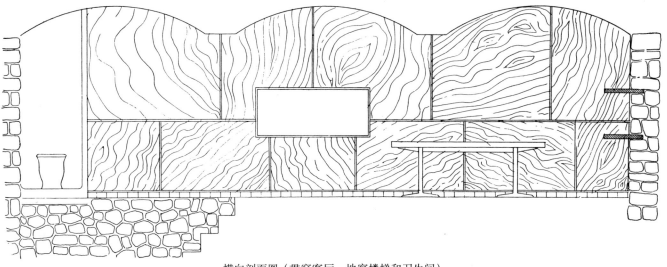

横向剖面图（贯穿客厅、地窖楼梯和卫生间）

巴黎市郊的一栋周末住宅，1935年

客厅

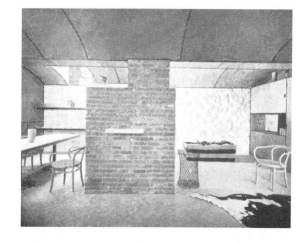

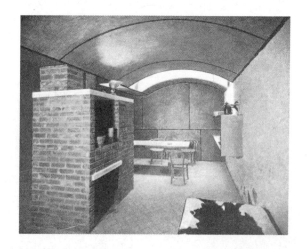

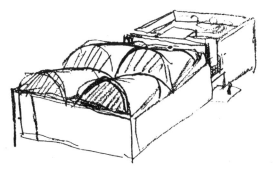

得益于标准元素的应用（亦见于前面的周末住宅），居住建筑得以重新恢复其固有的姿态，这种姿态曾一直存在于追求均衡的时代。

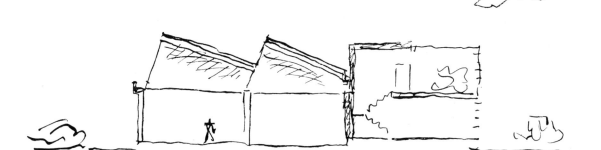

工作室和住宅的剖面图

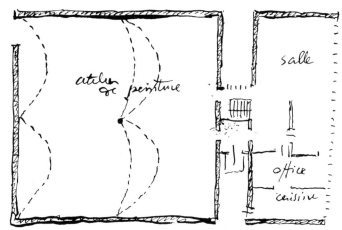

平面草图

"我的家"，1929年

草图是在驶往布宜诺斯艾利斯的马塞利亚号客轮上完成的。一个方形的工作室，通过预应力结构的拱来采光；共用门廊的另一侧是居住的主体。

这一构思，涉及一块位于郊区的空地，也许是出于下意识，在1932年设计的位于Molitor门的公寓的第八和第九层的设施中可以见到这个解决方案的影子[参见《勒·柯布西耶全集(第2卷·1929～1934年)》，P127]。

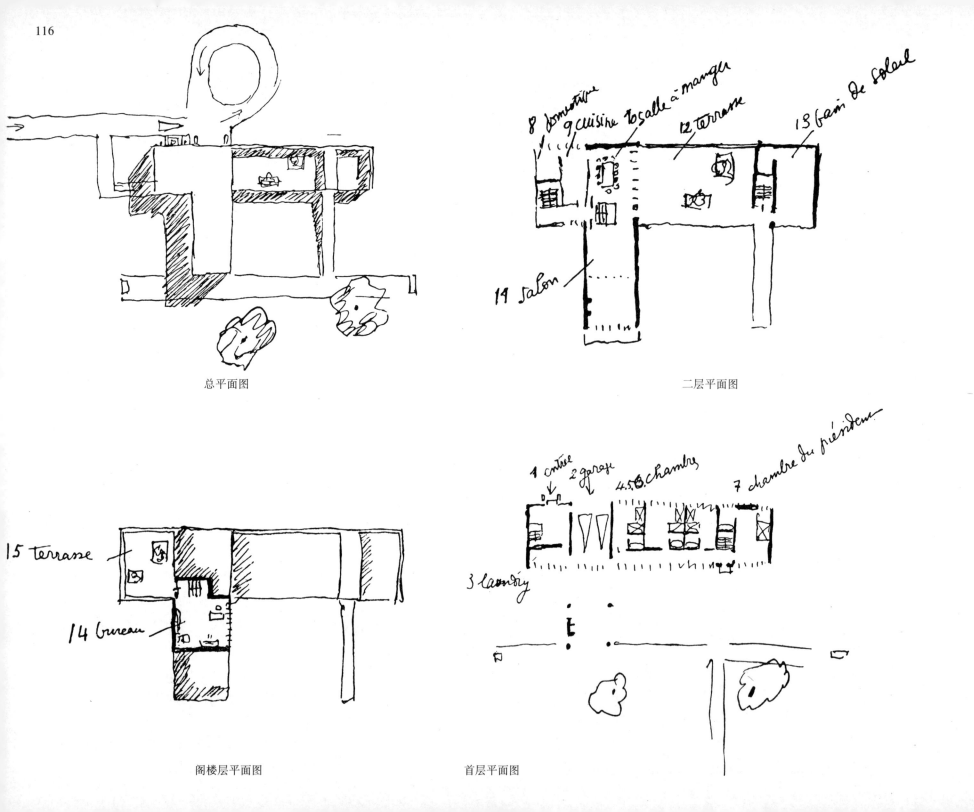

总平面图

二层平面图

阁楼层平面图

首层平面图

芝加哥一位中学校长的寓所方案,1935 年

一位浸透了现代思想的中学校长,他打算向他的委员会展示一个寓所的方案,在这栋房子里,他将在一种宜人的环境中接待他的学生。

住宅得到清晰的划分:

二层,沙龙—书房—露台,以及向下抵达花园的坡道。

阁楼层,一处隐蔽之所,设有内花园的工作室。

首层,校长卧室,3 间客房,与门厅和二层的日光浴场直接相通。

118　Mathes（临海）住宅，1935年

朝向大海的立面

砖石工程采用当地的砾石；屋架采用当地的木材，屋面采用大波纹石棉水泥瓦。住宅立于林间沙地上，那里无需人造的花园

Mathes（临海）住宅，1935 年

在这样一个住宅里，厨房扮演重要的角色

这栋住宅的建造迫使人采取不同寻常的解决方案。经费如此紧张，不允许建筑师在建造之前或在建造过程中前往现场。根据地产业主提供的精确的照片资料，建筑规规矩矩地安置在一块平整的土地上。不可能指望监督工地，必须在镇上雇一个包工头，这些条件直接影响了方案的构思。

住宅的建造分为 3 个前后相继且彼此独立的阶段。

A）独立的砖石工程，整体一次完成；

B）独立的木屋架结构，在砖石工程结束后整体地安放；

C）细木工，包括门、窗、隔断和壁柜，遵循统一的标准，遵循统一建造的原则：独立的框架，结合各种填充材料——玻璃、胶合板或者石棉水泥板。

这栋住宅就这样建起来了，没有监督，没有错误，负责施工的是一个村镇上的小包工头，诚实而有责任心……就凭着一笔少得令人难以置信的经费。

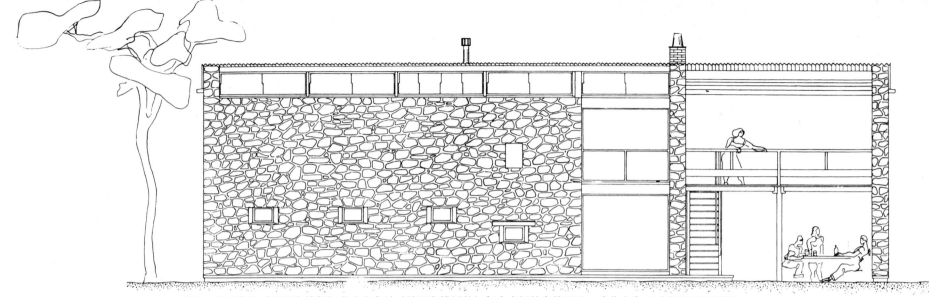

通过小小的窗洞（不照亮楼板）来建立穿过（首层和楼层的）每个房间的自然通风，这些小窗可以按照需要调节
（这对于休假期间尤为重要——7月，8月，9月，这个季节的太阳很强烈）

首层平面图

地窖层平面图

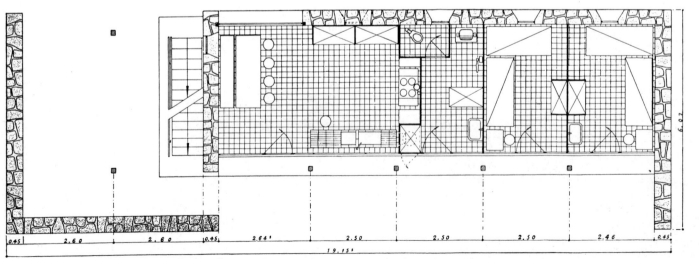
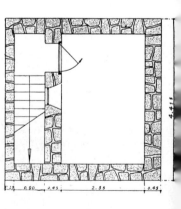

砖石结构的墙体是一个整体，独立的屋架结构也是如此，细木工亦然：3个施工段前后相继，彼此独立

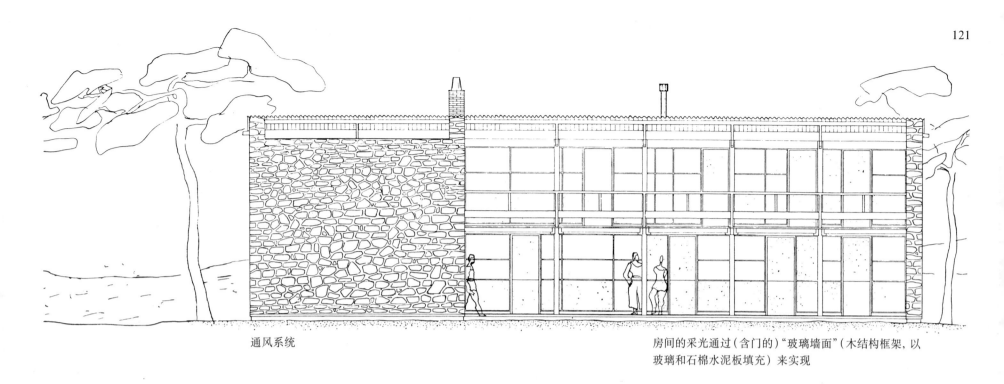

通风系统　　　　　　　　　　　　　　　　　　　房间的采光通过（含门的）"玻璃墙面"（木结构框架，以玻璃和石棉水泥板填充）来实现

二层平面图

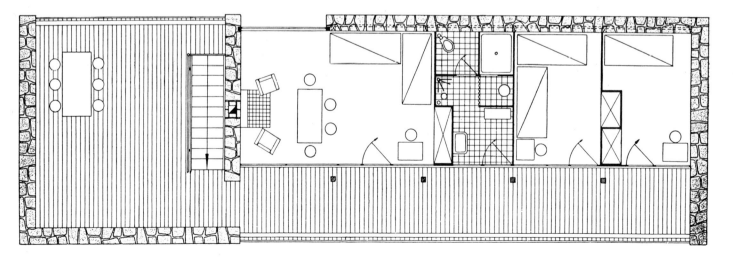

通过平面布局，我们获得两种独特的视野：一面朝向森林，一面朝向大海

122 Mathes（临海）住宅，1935 年

卧室前的走廊。人们将注意到倾斜的屋面并非遵循传统的坡屋顶做法，相反，两个斜屋面向中间倾斜，坡向一条巨大的排水沟；立面的解决方案也是如此坦率，摆脱了传统的锌皮檐沟

厨房，客人卧室，仆人卧室

卧室一侧。多色的玻璃墙面（由木框架、玻璃、石棉水泥板构成）

巴黎1937年国际博览会，1932～1936年

方案A：

温森纳国际居住展（1932年）

呈递给当局和公众的小册子首页

1

　　我们展开了一个持久的标题：《1937》。1924年，连续的11期，我们已经建立了一个标题《1925》：现代装饰艺术博览会[1]。这一回，依然如此，我们使自己摆脱各种形式的论战以及人身攻击。我们使自己投入到为思想的服务中来。我们力图有所效用。我们避免使自己陷入纯艺术，尽管，在今日知识分子的论战中，纯艺术运用一切手段表达，展示，进攻，防守。我们致力于关注千百万个体那令人心碎的境况，我们致力于关注在缺乏规划的城市生活的残酷冷漠中那沉闷、悲惨、毫无希望的存在。持这一极度社会性的观点，以1937年将在巴黎举办的国际现代艺术博览会为契机，我们向公众呈递一个方案。

我们的方案：

　　我们为将要举办的博览会提出另一个标题

1937

国际居住展

---

[1] 见《新精神》No.18～28，及《新精神合订本》，即《今日之装饰艺术》一书，由Crès et Cie出版社片版。——原注

这次展示活动所针对的正是当代生活的要素：

住宅；

住宅的设施；

住宅的家具；

住宅的呼吸；

住宅的采光；

住宅的宁静；

通过某些公共服务的设立，实现一种新的家庭经济；

体力和精力的恢复；

对孩子的抚养；

学龄前生活与小学教育；

创建必要的场所，以实现和谐的太阳日（24小时）。以8、6或5小时的工作日和闲暇时光（这将稀松平常）为基础，这新的太阳日将为身体与精神带来平衡。

方案征召：

建筑师，在该项事务中，将把他们的创造力全部倾注于住宅（内部——这是建筑同时也是城市规划的目标）；

家具设计师；

发明家，发明各种各样用作家庭设施的物品；

所有认为有能力为当代人类生活面临的新问题提供恰当解答的人；

所有艺术家、诗人、幻想家，他们将为得到满足的物质需求带来思想的神奇补充——自省，激情，创造的精神。

方案的控制依据一个独一无二的强制性要素——问题的焦点所在：

人体尺度

让我们将问题阐明。人体尺度是日常生活的尺度，是惟一真实的尺度。由此，国际居住博览会将是：

真实的

方案征召生产者和工业企业。不仅仅需要家具企业，还需要所有与建造相关的技术性企业：材料、计算、静力学、采暖、隔声等等。

方案将实现一个论断：**大工业必将占领建筑业。**

这一论断将起动生产与制造的新任务，将为整个群体带来一系列结果实的消费品，以取代过量的不结果的消费品。正是这些过量的消费品导致了危机，而"大工业必将占领建筑业"这一论断将为工业生产的普遍危机带来最丰产的解决方案。

方案（居住博览会）涉及大工业。

通过清晰的定义，方案意味着一场真实建筑的博览会。

真实的建造，根据真实的尺度，根据人的尺度。所以，这些真实的建筑可以持久。它们将活下去，将展开对家庭生活设施问题的探讨（将持续5年甚至6年），这些真实的符合人体尺度的建筑，将用于展览、示范或研究：它们将构成国际的实验室。

随后，它们将自然而然地奉献给居住，作为实现满足当代需求之理想的第一个阶段。

1937年的博览会将持续整整一年：

夏天，

冬天，

周而复始的365个日夜，冷、热、干、湿，为所提出的解决方案提供检验其价值的机会。

整整持续一年的展览将更广泛地吸引观众——所有生活在巴黎的人，以及一年之中，所有来到巴黎的人。

整整一年的展期确保博览会将取得无与伦比的经济收益。

博览会的建筑将自然而然地用作住宅，于是，由博览会机构所投入的创建这些有效场所的资金将全部得到回收。此外，参展者为了展示其创造所投入的所有奢侈或严格务实的费用（展馆、展台等）便可大大缩减。

方案是经济的。

考虑到一个极为明确的意图的影响力，考虑到一份总体纲要的益处，考虑到对巴黎全城及巴黎大区的生活产生影响的事件，考虑到整体，方案专注于居住的问题。此外，它将诱发巴黎大工程的起动。以这一名义，它就具有一种迫切的意义。

于是，博览会便成为开启大工程时代的契机。

方案所预想的通往博览会的道路，将横贯巴黎东区；如今，巴黎的这一部分处于完全的窒息状态。通往博览会的道路将构成巴黎必不可少的东西脊柱的第一截。

道路将通达巴黎的中心。

道路将定义巴黎的中心。

巴黎的中心（一个由500万个体构成的轮辐状生物体命定的中心），从此，这颗心将复苏，将适应，将跳动，将重新跳动，将焕发活力；20世纪的巴黎将在它原来的位置再度崛起，正如中世纪、文艺复兴、路易和拿破仑时期，那是巴黎一贯的位置。

方案将实现巴黎大区城市化的第一个阶段。

它将掀起大工程的纪元；它为大工业确立宏伟的目标。

它提出大工程资金筹措的问题。

它使一切都得以起动。

1937必将具有划时代的意义。

现时代终于看到国际的努力联合起来，致力于一项真实的严格的任务：为了机器时代的人类，为了他的生存，为了他的幸福，装备不可或缺的器官——住宅，城市。

综合的博览会。

大工业必将占领建筑业。

博览会，其组织的各项活动，都将由创造者来导引。

脊柱的第一截

博览会的定位，与横贯巴黎的主干道的衔接

1. 城市规划

巴黎东区。

巴黎东区是一片生活贫困、建筑糟糕、无从梳理的区域。是对它进行整治的时候了。

利奥泰[1]元帅已经证实，穿越东部的密林，可以为殖民博览会带来大量的人群。他希望开辟一条通达博览会的大道，那将成为一条输送新鲜活力的渠道。他的愿望没能实现。自1922年起，我们勾勒出巴黎的这根脊柱：从东到西，贯穿城市各个有效的点，连通东部与西部的乡村。（巴黎"瓦赞规划"）

我们建议，脊柱的第一截：斯特拉斯堡大道，温森纳棱堡。我们在温森纳公园的边缘地带划定一个明确的地块，它恰好可以与它西部的圣芒代（一个非有机的区域）连通。

我们希望城市可以向中心返潮。在这个地块上，我们安排了光辉城市的"进退式"居住元素。

什么是光辉城市？

光辉城市[2]，是一座每公顷容纳1000位居民的城市。这个超高的密度将化解交通的僵局。以这样的密度，在巴黎旧城墙的内接矩形中将可容纳800万居民，这一数字甚至超出了最大胆的设想；逐渐，郊区将向着中心返潮；它那发育不良的铁路网将被取消。郊区可耻的暧昧将告终。

在"光辉城市"中，100%的土地归行人所有。行人和汽车绝不会相遇。住宅仅覆盖土地面积的12%，余下的88%构成供居民进行活动的花园（运动场地就在住宅脚下），底层架空柱把建筑举离了地面，构成12%有顶的庇护。地面之上50m高处，空中花园里，呈带状有规律分布着宽20~25m的沙滩，构成散步场、日光浴场和理疗场……这座居住城的密度是世界上独一无二的（1000人/hm²）；它被合理地建造，它恢复了全部的土地：100%。它还产生新的土地：12%。总计：112%的土地归行人独享。公寓楼的高度也不过50m。没有天井，没有街道，只有巨大的花园在公寓的玻璃墙面前展开。一望无垠的花园，就像一片汪洋，一片由青枝绿叶构成的绿色的海洋。巴黎，重新收紧的"绿色城市"（800万居民生活在内接城墙的矩形中）。这是一个健康的"巴黎大区"规划；不再需要70km直径、3800km²的区域。只要80km²就够了。这是怎样的差别！

请原谅我们在此借呈递博览会方案的机会呈递我们的城市规划方案。建筑，城市规划，家具，艺术——个体、集体——这全是一码事，不可分，不可离，这是始终不渝的关注。自1922年（秋季沙龙），特别是1925年（国际装饰艺术博览会"新精神馆"）以来，我们就从未中断沿着这条路线的探索。作为一个国际博览会，应当指定一个场所，应当确定其示范建筑（展览建筑，不失该词的本意）的原则和布局。这便是我们于此的角色，我们不会僭越这一职权。这是一个博览会的方案。它将使数不胜数的参展者投入一场游戏，并围绕同一主题——居住——提出数不胜数的想法。不止于此，这个博览会的方案将作为一种潜在的能量，未来事件的核心，一切大型活动得以起动的契机，它将成为一颗种子，在博览会之后，在博览会之外，萌发。

2. 建筑

博览会的目标：住宅。

住宅，即，内部。

怎样的住宅？大的，小的？想它怎样就怎样，可以是任何尺度、任何标准：富人的住宅，穷人的住宅，普通的住宅。我们希望，这次博览会能为穷人的住宅提供一些决定性的解决方案。

住宅是什么？住宅是一个被照亮的楼板的表面；是一个温度适宜、通风良好的空间；是一个封闭的方盒子，隔绝了外部噪声；是一个空间的划分，使家庭生活得以在经济、效率与和谐中展

---

[1] 利奥泰（Louis Lyautey, 1854~1934年），法国元帅，代表法国出战多处殖民地。1912~1925年任摩洛哥驻扎官，其间，1916~1917年回法国担任战争部长。他酷爱文学，身后留下大量手稿。——译注

[2] 见《规划》杂志，No.1~8，"光辉城市"。——原注

开。说到底，住宅是一个位于楼板与顶棚之间的空间。那么，这楼板与顶棚之间的距离是否无关紧要呢？现行法规要求层高不得低于2.60m。这个尺寸值得商榷：对于一些合法的空间需求而言，它太小；而对于另一些功能而言，它又太大（大型客轮豪华套间的高度也不过才2.10m）。理想的高度应当是完全符合人体尺度的函数。让我们（经过10年的反复实践）来提出一个蕴含多种解答的新高度：4.50m，可以一分为二，2×2.20m。这是个经济的新标准；它既使奢侈成为可能——宽敞、豪华——又使更高效更紧凑的解决方案得以实现：4.50m 和 2.20m ——工人住宅。这是个符合人体尺度的尺寸。在博览会上，将出现一栋"光辉城市"型的进退式公寓大厦，50m高、2328m长的建筑，将提供分布于9个楼层的总计20000m长的公寓立面。所有公寓的立面都是玻璃幕墙；而公寓的进深可变；这个深度将对城市的整体产生巨大的影响。因为，如果通过现代技术的应用，这个深度得以大大增加——比如增至2倍——那么，其直接的结果是，城市的面积将减至原来的1/2。这是有意义的。"光辉城市"的进退式公寓大厦位于地面之上，由底层架空柱支撑。底层架空柱上，高度为5.50m 的整整一层被用作"公共服务"。于此，建筑师、经济学家、社会学家、教育家、改革家，他们将阐明问题，提出解决方案，他们将对提问做出回答；他们的回答将对生活富裕，但尤其是对生活简朴的家庭的居住环境起到决定性的影响。公共服务对家庭经济的合理干涉将成为一种社会的福利。博览会的建筑问题，说到底就是住宅的问题，是内部的问题。不拐弯抹角，也不分散精力，现代建筑师将依照自然的做法：由内而外。（智慧，被遗忘的智慧！）

建筑外部的讲究于此有何裨益？还是让我们来仔细考察一下——两个解决方案：

第一个，传统的解决方案，"展览馆"，它们的目的就是为现代家庭生活的展示提供庇护。

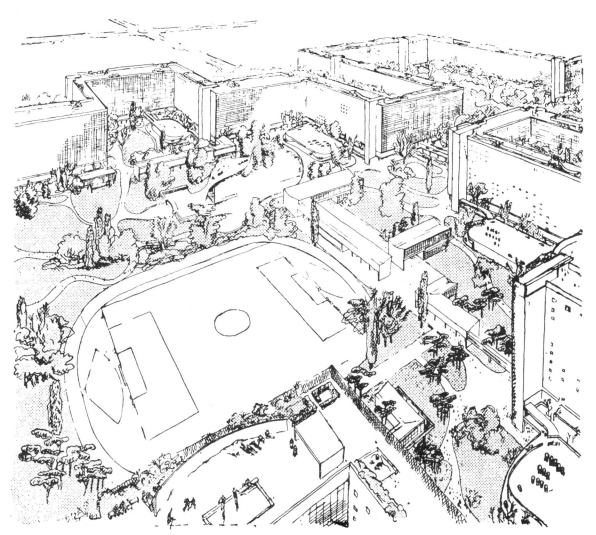

这就是博览会的方案：
a)"真实"建造的高50m、呈带状的进退式公寓大厦，为所有与居住相关的展示提供数不胜数的符合人体尺度的展台。
b) 儿童建筑（服务于学龄及学龄前儿童），其规模经过计算以符合进退式公寓大厦的居住人口（密度为1000人/hm²）

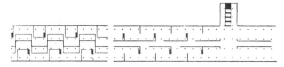

展览的细部：无论是按照大小还是按照用途，房间可以有各种各样的布局。水平交通可以任意组织。每200m设置一竖向交通。建筑的进深：23m，通过立面的玻璃幕墙可以获得充分的采光，直至房间的最底端

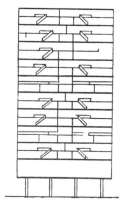

剖面图，高50m，楼板与顶棚的间距为：4.50m，可分为2×2.20m。地面上，底层架空柱使穿行畅通无阻。地面以上，底层架空柱上的第一层，用作公共服务的展示

于此,一张极尽奢侈的床,在一个夸张的穹顶下面上演"青蛙与牛"的闹剧(回忆1925年)。不现实,一点也不现实,这是欺骗,是幻像,是弄虚作假,是不正当,是败家,是在真实生活中毫无应用可能的示范。外部?一个时代的建筑展示?得了吧!那是缺乏已知条件的问题,是危险的人造风格的展示,是制造赝品。这便是我们的"1925年"!谢了。

另一个金字塔形的所费不赀的展馆,其外部用于展示相同的建筑谎言:"风格",赝品。而在内部,在顶棚下,在壁龛里,却布置着符合人体尺度的方盒子,以便于家具的展示。这正是我们关注的问题。但方盒子上方的空间被浪费了:那是扔钱。我们首先应当严格地提出问题:住宅,为住宅提供数不胜数的展示表面。

第二个解决方案允许"真实"的,也是最终的建造,建造一系列蕴含丰富研究性设计的居住建筑。力量将投注于建筑的内部以及建筑的外部。

仅由几位建筑师负责这些建筑的建造。不过,需要无数来自世界各地的建筑师就住宅的问题提供他们的帮助。世界各个地区,难道就没有令人兴奋的试验?

内部?情况必然相当特殊;应当进入个体概念的统一框架(一栋住宅);参展者(成千上万)将受到"主持人"(几个)的鼓舞。博览会不再是成千上万标新立异的表现欲的展示,而成为在四五个作为领导的个体控制下纪律严明的活动。可是,存在一个障碍:难以避免武断的决定,总结先于陈述,而陈述本应当集结全部创造的力量来完成。

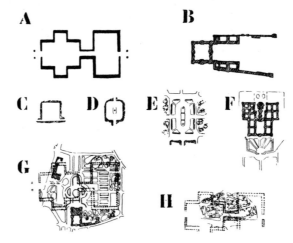

相同的比例,"光辉城市"的进退式工人居住区(1000人/hm²)比较:

A 我们的提案   E 协和广场
B 卢佛尔宫   F 巴黎残疾军人院
C 孚日广场   G 卢森堡公园
D 旺多姆广场   H Monceau 公园

一个根据4.50m 的层高所安排的布局实例。惟有4.50m高处的楼板是固定的;中间2.20m 高处的楼板是临时的,可以根据参展者的需要随意调整。值得注意的是,4.50m的层高,以及房间的进深都经过严格的推敲,为实现供单身或夫妻居住的最底限工人公寓提供了可能

还有一个障碍:一个由真实的建筑构成的居住区——尽管这为富于创造性思想的博览会所必需——包括:高档的住宅,中档的住宅,低档的住宅,以及最底限的住宅。然而,如何使这些不同的、跨越了所有社会及心理层级的人们共同生活?办不到,在西方社会里,人们不可能在外部特征明显表明阶级差异的环境中共同生活;阶级之间必相互排斥。这样一个以人造土壤培植的居住区不可能有生命力:博览会过后,它就将失去功用。

结论:住宅的外部特征应当统一,但为了建筑外部的展示,为了使一些强烈的个性得以表达(要确保这里所说的有个性的人是经过挑选的),则需要涉及我们博览会纲要的第二部分,补充部分。

包括两类:

第一类,"光辉城市"的辅助器官:托儿所,幼儿园,小学,露天及室内的游泳池,体育馆,俱乐部……这便构成真实的建筑真实的、确切的任务书。

第二类展览馆设在"光辉城市"的进退式公寓大厦之外,展览结束后,它们将用作:餐馆,剧院,电影院,邮局,客运站,地铁站……这是些永久的或临时的建筑,但都有一个明确的用途,即,使建筑的内部和外部得到充分的展示。

我们重申:1937年,将是居住的博览会,是住宅的博览会。一支来自各个国家各个洲的创造者的大军,将带来当代广泛努力的丰硕成果。国际的博览会所获得的确定性结论将涉及各种气候条件下,各个地区、各个阶层、各种标准的居住。1937年:巴黎,大型国际会诊中心。

3．工业，大工业

a) 材料；
结构；
方法。

"光辉城市"进退式公寓的元素将赤裸裸地展现现代技术。问题在于标准；公众的关注与评判将以一个统一的纲领为依托；衡量与比较的要素在于：效率，期限，成本。有理由期待原始的营造业将有一个巨大的飞跃。

b) 关于骨架的讨论：钢，钢筋混凝土。

c) 当代建筑的首要问题：

空气，声音，光线；
采暖；
通风；
隔声；
隔热；
日间采光（玻璃墙面及其有关建筑整体的全部推论）[3]；
夜间照明。

d) 家庭设施：

工业，通过生产竞争，已经使市场充满了制作精良的商品，但这些商品的效用实在不明显，以至商品的销售全靠打广告，了不起的机器，贪婪的机器……这一切酿成危机。

住宅，除了些毫无意义的充塞之物，它一无所获。人们仍然用荒谬的、季节性的、导致大量损耗的方法建造。建筑的造价涨到4倍！！！

于此，我们提出我们的论断：**大工业必将占领建筑业**。不必更换机器，不必辞退员工，工业便可以投入到住宅及其设施的生产中来，并保持它迄今为止在制成的产品中所表现出来的令人惊叹的精确性。

精确而经济的房屋将以构件的形式在工厂中生产。整个国家将重建：农场，乡村，城市。宏伟的任务！崭新的市场！房屋将造得与汽车一样精良！房屋的构件将同装备在汽车与大型客轮上的构件一样高效！

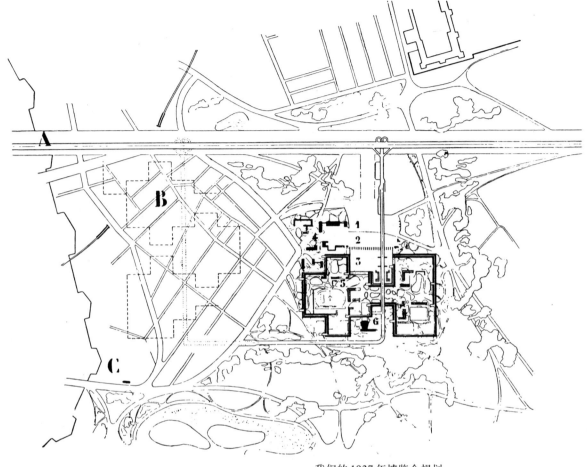

我们的1937年博览会规划：

A 横贯巴黎的东西干道
B 圣芒代居住区未来的规划
C 殖民博物馆
1 入口检票处
2 广场
3 主院
4 各种建筑：剧场、餐馆等
5 进退式居住区，在大花园中设有游泳池、学校以及散步道和体育活动场地
6 博览会剧场，与高架快车道直接相连

---

[3] 参见《全集》（第1卷·1910～1929年），《一种新的城市要素的数量级，一种新的居住单位》一文。——译注

方案 A：温森纳国际居住展（1932 年）

自第三层起为展区。进退式公寓大厦的每一组成部分将针对建造技术、实用布局或建筑审美的某个特定方面进行展示。例如，向右可以看到各种金属及钢筋混凝土骨架的展示，一个挨着一个。在围合的大花园中，可以看到儿童建筑及体育活动场地。再向右，可以看到一段高架快车道由此经过。

P127 的透视图中，可以看到大厦屋顶上连绵的沙滩。

"光辉城市"，"绿色城市"，花园，住宅，蓝天，广阔的空间，建筑充分地舒展。城市新的规模：1000 人 /hm²，超高的密度。Archives 居住区的密度也不过 700 人 /hm² ！

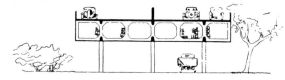

一个高架快车道的典型剖面图：12m、16m、20m，宽度不等。上层桥面，是轻型高速交通。下方空间内安置管道系统，可达、可见、可维修。地面上是重型交通：卡车，公共汽车。边沿：有轨电车。紧挨着轨道是草坪和花园。行人与机动车绝不会相遇

1937 年博览会可能的面貌：左侧近景是高架快车道的分支。正面远景是进退式居住区的建筑，多种多样，各不相同，针对室内场地的利用（层高 4.50m）及立面的装备提出种种解决方案。但博览会的建筑群却仍不失为一个由空间、建筑围合以及自然元素构成的清晰而纯粹的整体。右侧，可以看到展览的第二部分：附属建筑、剧场、餐厅等

方案A：温森纳国际居住展（1932年）　131

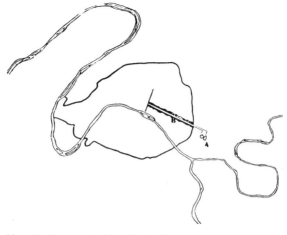

第一阶段：1937年世界博览会

A　博览会
B　横贯巴黎主干道的第一截

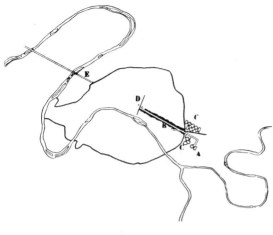

第二阶段：

A　住宅、居住以及城市规划展的延续
B　横贯巴黎主干道的一段
C　东部居住区规划
D　巴黎中心的首期建设（商业城）
E　横贯巴黎主干道西段的开通

这是一份真正的1937年的纲要：1937年，国际居住展，由大工业召集最杰出的技术人员来实现。

　　目标：住宅。
　　住宅：工业不可思议的市场。
　　改革建造艺术。
　　并通过这种改革，实现经济与效率。
　　把成本降至1/4。
　　为不计其数的人带来使生活舒适的起居设施。
　　探讨一切有关居住的重要问题。
　　由当前的工业企业来实施。
　　由创造者和发明者来启发和指导，直至最精微的细节。
　　住宅的国际性展示。
　　1937年，世界各国，所有关于这一根本主题而进行的试验，将汇集巴黎。
　　重要推论：起动大工程的新纪元。

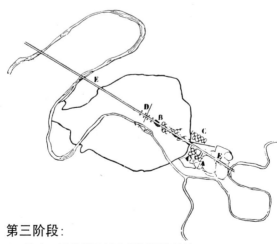

第三阶段：

A　住宅、居住以及城市规划展的延续
B　主干道沿线建设
C　整治巴黎东部
D　商业城首期落成
E　横贯巴黎的主干道完工

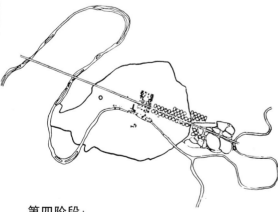

第四阶段：

巴黎在其以为基础的生物学中获得新生
历史的巴黎得到拯救

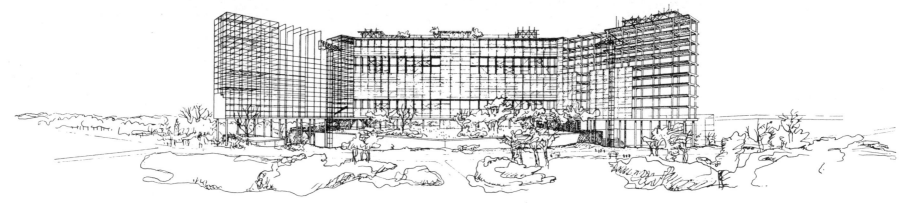

凯勒芒的展示：一个巨大的工地，包括现代建造的各个阶段的展示，从裸露的钢或钢筋混凝土骨架一直到现代住宅及其附属的全部设施

方案 B：
凯勒芒棱堡的一个居住单位（1934~1935 年）

凯勒芒棱堡事件是一场最高明的骗局，学院与政府合演一出对台戏（巴黎美术学院院长、行政长官、部长、国会议员，故事的细节参见《当大教堂是白色的时候》，由 Plon et Cie 出版社出版）。一切已通过表决并正待实施，但一切又滑倒在巴黎市政府准备好的香蕉皮上。

这个可容纳 4000 人的居住单位的建造，构成博览会的附属。它将就居住的问题提出证明——得益于现代技术和现代的城市规划，城市生活的新纪元将就此展开。

1935 年，CIRPAC（解决当代问题的国际委员会）在伦敦达成决议，确保了 CIAM 的整体合作。这种合作将在国际性的展览中带来巨大的利益。

展示将以处在各个不同完成阶段的骨架的形式呈现建筑的整体，向公众提出不同的骨架解决方案：钢或钢筋混凝土。

现代立面的原则（采光、绝热、隔声等）将通过一系列不同的提案来表达（尽管如此，它们却能够在建筑整体中相互协调）。住宅生物学的多重解答将被提出：空气，温度，宁静……同时，家庭生活公共服务的原则将得到完美的阐释。不同大小、不同档次、不同目的的住宅，这将是为巴黎做出的完美示范。

最终，CIAM 的成员将代表他们各自的国家，从习俗这一独特的角度出发，展示他们自己特有的地方性解决方案。

方案B：凯勒芒棱堡的一个居住单位（1934~1935年） 133

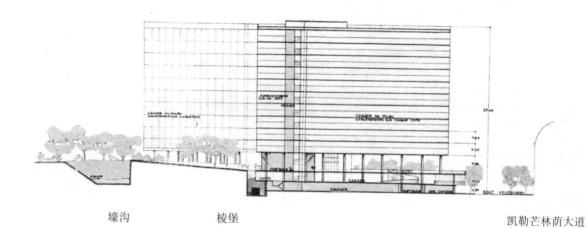

凯勒芒棱堡得到了拯救！（凯勒芒是如今已被毁坏的环绕巴黎长达33km的城墙的最后一段遗迹）

壕沟　　　　　棱堡　　　　　　　　　　　凯勒芒林荫大道

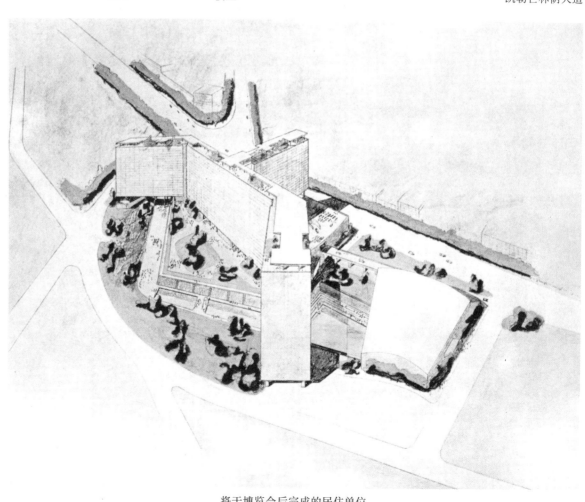

将于博览会后完成的居住单位

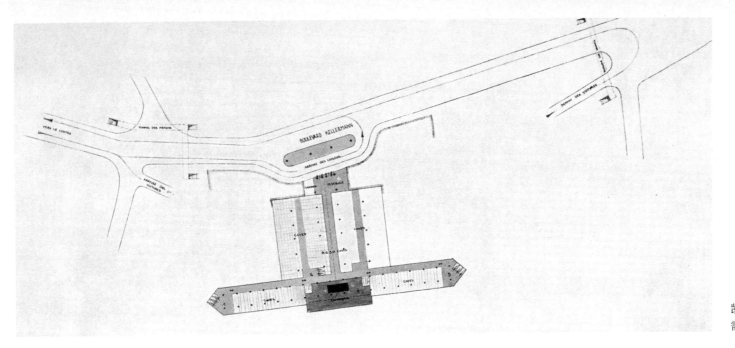

凯勒芒大道层平面图，供应生活必需品的卡车直通入口和卸货前厅

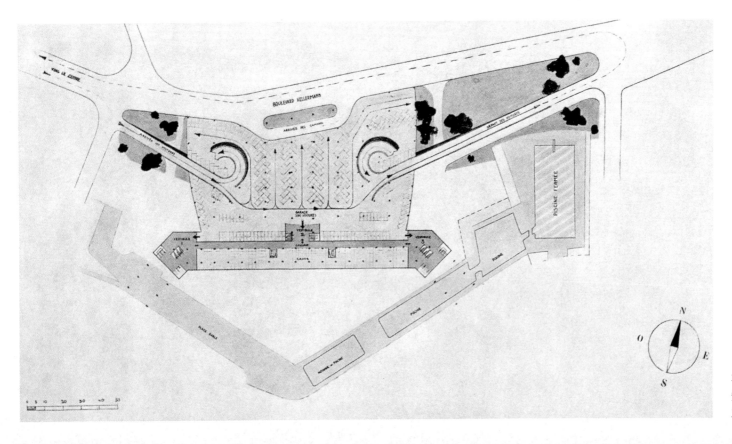

车库层平面图。交通停车及车库被安排得井井有条；电梯为居民建立与地下车库的联系

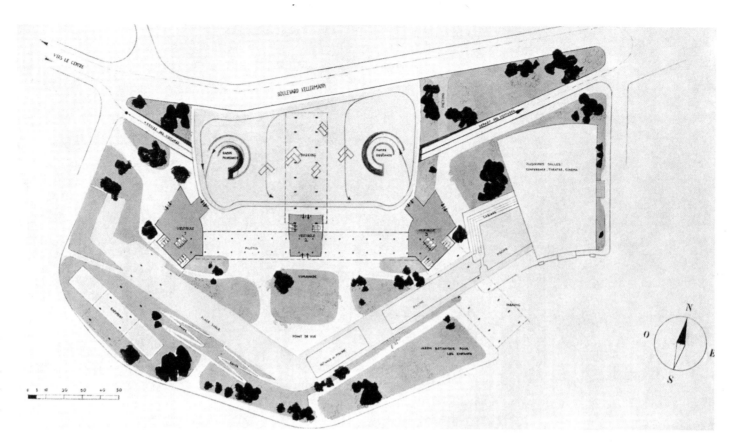

车库上方架空层平面图，汽车停车场、入口门厅、架空的底层、广场和凯勒芒棱堡的观景台位于同一平面上。如图可见，游泳池和设有各种休闲娱乐场所的建筑位于城墙巨大壕沟的端头

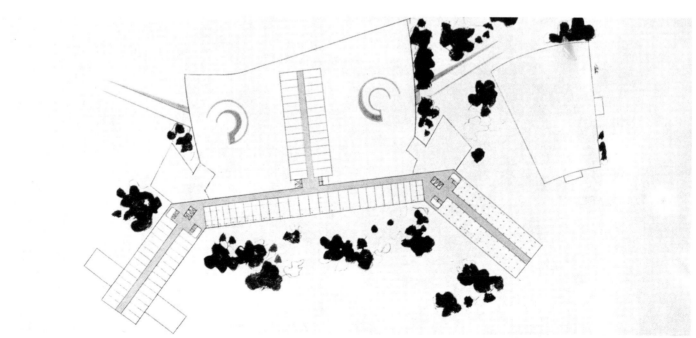

公寓层平面图：每套公寓都充满阳光，朝向宽广的地平（"Y字型"建筑）

136　方案C：当代审美中心（1935年）

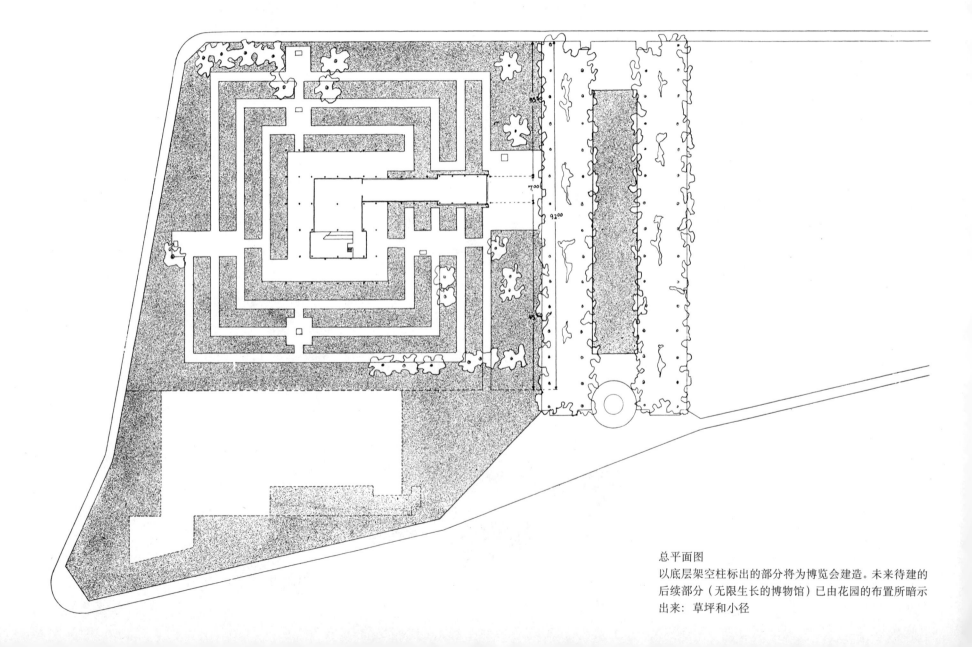

总平面图
以底层架空柱标出的部分将为博览会建造。未来待建的后续部分（无限生长的博物馆）已由花园的布置所暗示出来：草坪和小径

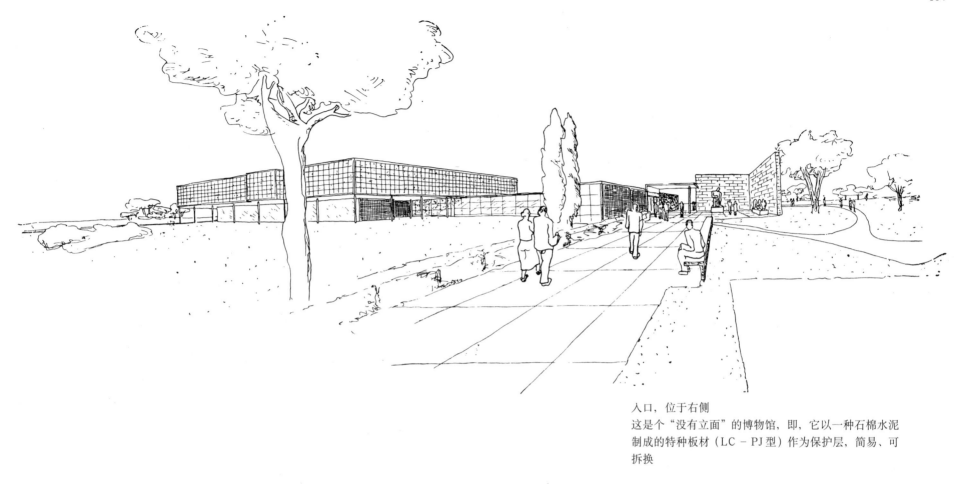

入口,位于右侧
这是个"没有立面"的博物馆,即,它以一种石棉水泥制成的特种板材(LC-PJ型)作为保护层,简易、可拆换

方案C:
当代审美中心(1935年)

1937年巴黎国际博览会为发明已久的"无限生长的博物馆"提供了首次付诸实施的机会。在此,这场所将作为当代审美的一个示范。在展览结束后,这个博物馆将依然是"意大利门",它将成为现代艺术自治博物馆构想已久的基础,或者为了同样的目的,它将被拆除并在别处重组。250万法郎的总投资,换来一栋建筑面积达25000m² 的永久性建筑。1936年10月,方案遭到拒绝。

中央大厅是博物馆的核和起点,顶棚是光线合理的分配者

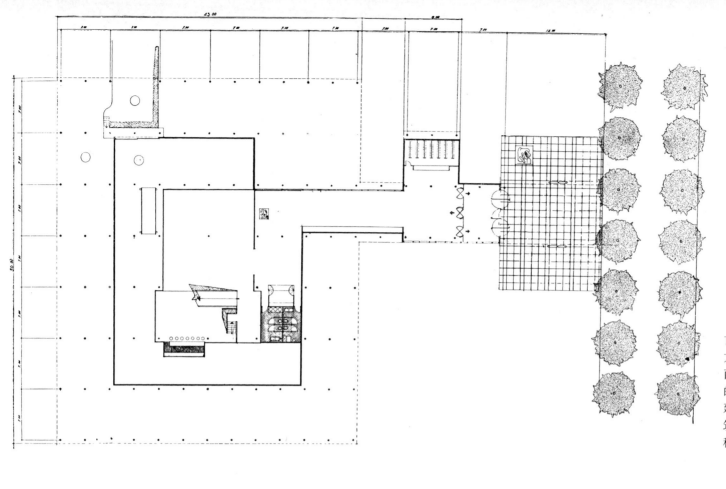

首层平面图

方案经过细致的推敲（平面和剖面），每个尺寸都经过计算，流线上的每种运动都得到准确的估计并以建筑感受为依据来开发利用（建筑，是一种在各种体量之内、在各种体量之间的漫步）

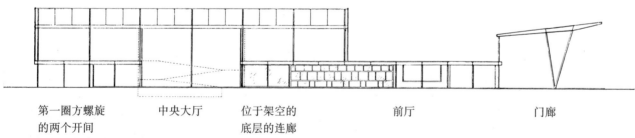

第一圈方螺旋的两个开间　中央大厅　位于架空的底层的连廊　前厅　门廊

这个剖面图揭示房间高度上强烈的起伏，然而建造却遵循严格的标准（跨度7.00m × 7.00m，可一分为二）

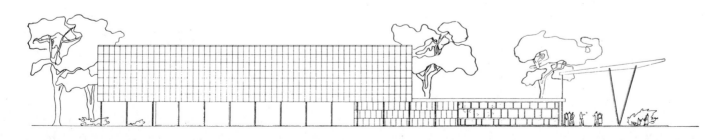

底层架空柱首先使直接通达博物馆的中心成为可能；其次，它有利于储存（仓库）的设置

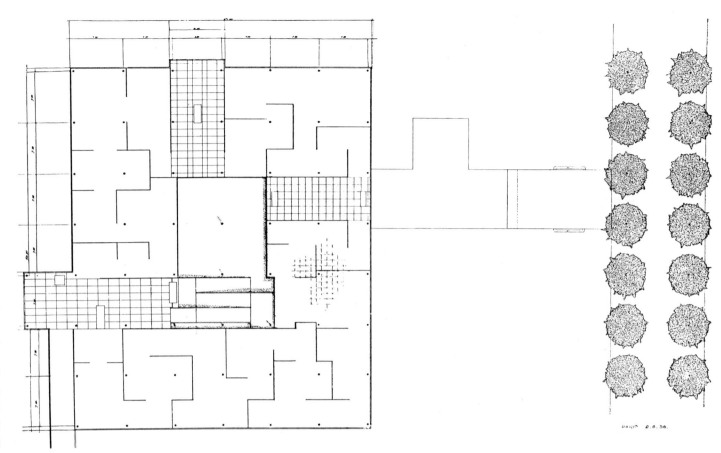

二层平面图

在此，围绕着建筑的核（中央大厅），方螺旋线一圈一圈地展开，在随后的岁月里，通过加建简单的 7m 见方的单元（包括它的围墙、屋面、采光、地面和仓储），博物馆可以无休止地扩展。可以根据性质各异的流线方案来布置博物馆的展厅，沿着螺旋线扩展的方向，沿着正交或者对角的路径穿越各个小展厅

顶棚的解决方案包含一个合理的光线分配装置,通过适当地布置透明、半透明或不透明板材来调节（借助一条供工作人员专用的隐秘通道）

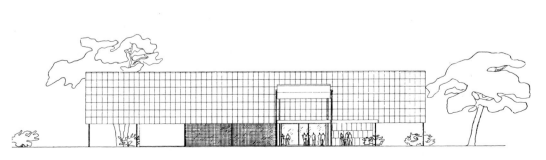

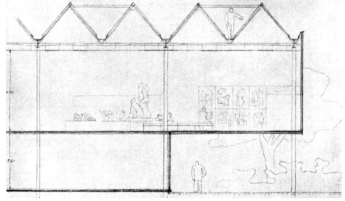

140 方案C：当代审美中心（1935年）

Moscophore（古希腊）的复制品，由柯布根据考古学的有关资料着色　　　　　　　　　　　　　　　一张费尔南德·莱热设计的奥比松挂毯（由 Cuttoli 夫人的工场制作）

"原始"艺术展,1935年
路易·卡雷举办,于柯布的寓所

"组合的技巧",可以说是通过对过去、现在和异域的思考,展示现代感。辨认"类",穿越时空创造"统一",让这些铭刻着人类存在的事物构成激动人心的画面。照片来自1935年由路易·卡雷举办的"原始"艺术展,部分展览设在柯布寓所的工作室。

---

[1] 亨利·劳伦斯(Henri Laurens,1885~1954年),法国雕塑家,素描画家,受立体主义影响并柔化了立体主义。——译注

"无立面的博物馆"可能的布展方式

实,虚,光线,材质:莱热的挂毯,劳伦斯[1]的雕塑

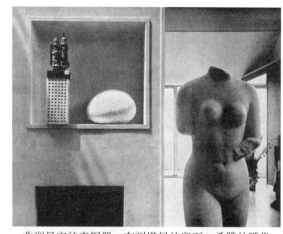

非洲贝宁的青铜器,布列塔尼的卵石,希腊的雕像

秘鲁的陶器,贝宁的青铜器,柯布的画(局部),劳伦斯的雕塑,莱热的挂毯

新时代馆

展馆入口立面（由左至右：蓝色帆布，中央及入口的白色雨篷，红色帆布）

半开的入口大门

方案 D：
迈罗门的新时代馆，1936 年

1932~1936年底，为巴黎1937年博览会拟定的方案A、B、C相继遭到拒绝，1936年12月15日，展览监督委员会主席特别委派Locquin先生出面进行明确的干涉，方案D终于得到实现。创立，组织，建造一个展馆，以1600m²的图片资料（制作的展板总面积），证明现代城市规划的可能性——"公众教育陈列馆的实验"。这个巨大的展馆（15000m³）将仅仅由隔墙、屋架和帆布构成。缝合成一整块的1200m²的帆布屋面，一次性铺展开。

结构大胆灵活，采用钢缆和精巧的钢架支柱。

30m²的入口大门（横剖面呈梭形，可绕中轴旋转）

开启的门

144　方案D：迈罗门的新时代馆，1936年

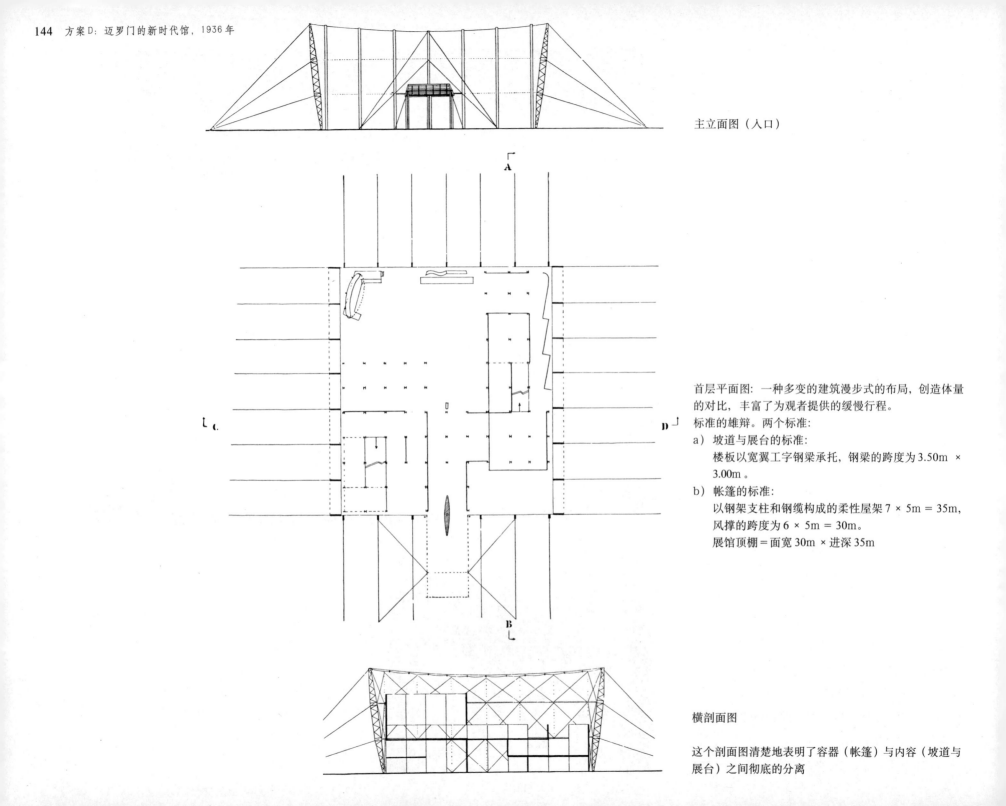

主立面图（入口）

首层平面图：一种多变的建筑漫步式的布局，创造体量的对比，丰富了为观者提供的缓慢行程。

标准的雄辩。两个标准：

a) 坡道与展台的标准：
   楼板以宽翼工字钢梁承托，钢梁的跨度为3.50m × 3.00m。

b) 帐篷的标准：
   以钢架支柱和钢缆构成的柔性屋架7 × 5m = 35m，风撑的跨度为6 × 5m = 30m。
   展馆顶棚＝面宽30m × 进深35m

横剖面图

这个剖面图清楚地表明了容器（帐篷）与内容（坡道与展台）之间彻底的分离

方案D：迈罗门的新时代馆，1936年　145

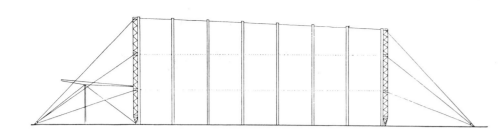

侧立面表明排水的坡度

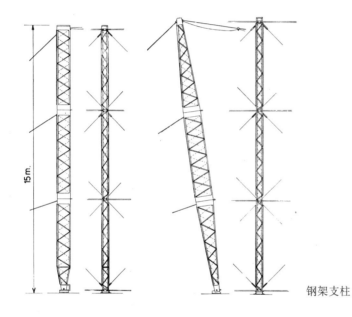

钢架支柱

建造之始：内容（坡道和展台）。坡道的游戏提供了5个不同标高的平面。太阳照在作为顶棚的1200m²的帆布上，光线被滤掉一大半。这种良好的光线可以一直持续到11月，此后屋面将被覆盖上一层由城市的采暖设备排放的烟灰

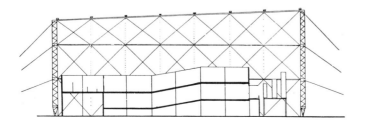

纵剖面图

该剖面图呈现出一场风撑与拉索的游戏。坡道与展台的游戏合二为一，为视线提供连贯而富于变化的景象，或亲切或宏大。可以说，这就是"建筑"：由平面和剖面所决定的体量之间精确的游戏

方案 D：迈罗门的新时代馆，1936 年

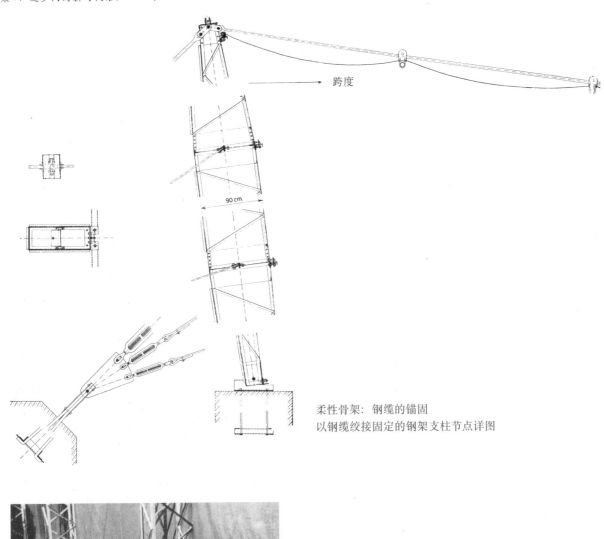

跨度

90 cm

柔性骨架：钢缆的锚固
以钢缆绞接固定的钢架支柱节点详图

帆布屋面（1200m²）

侧立面

钢架支柱的基座

钢缆的锚固

方案D：迈罗门的新时代馆，1936年　147

讲演大厅

148　方案D：迈罗门的新时代馆，1936年

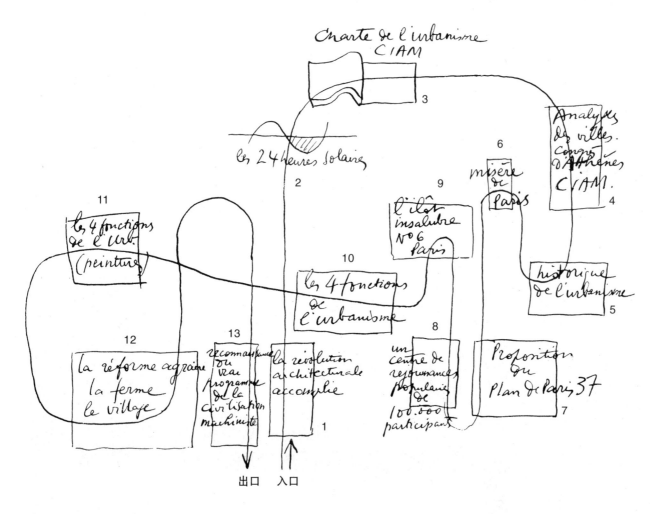

"新时代"馆的参观流线

依照图中标明的行进方向，人们将依次参观以下展区：
1　业已完成的建筑革命
2　"24小时太阳日"展台
3　CIAM的城市规划章程（雅典宪章）
4　CIAM于雅典召开的年会上对城市现象的分析
5　城市规划史
6　巴黎的不幸
7　"巴黎1937规划"方案
8　10万人国民欢庆中心方案
9　"不洁的住宅群No.6"的整治方案
10　城市规划的四项功能（示意图）
11　城市规划的四项功能（展板）
12　农田改组：合作村庄
13　认识机器文明时代真正的纲要

"24小时太阳日"展台，CIAM雅典宪章，安装了声学反射壳体的讲坛

城市规划史展台（CIAM建筑师刘易斯·舍特及其合作者的研究片断）

150　方案D：迈罗门的新时代馆，1936年

"巴黎1937规划"展台。展示呈现了巴黎的精神力量：中央，巴黎圣母院；右侧，再现了西方文明的诞生；左侧，现时代的形象。下方，"10万人国民欢庆中心"展台，附有一幅全景画。最靠里的下方，可以看到演讲者的讲坛

自坡道望"巴黎的不幸"（展板）

方案D：迈罗门的新时代馆，1936年

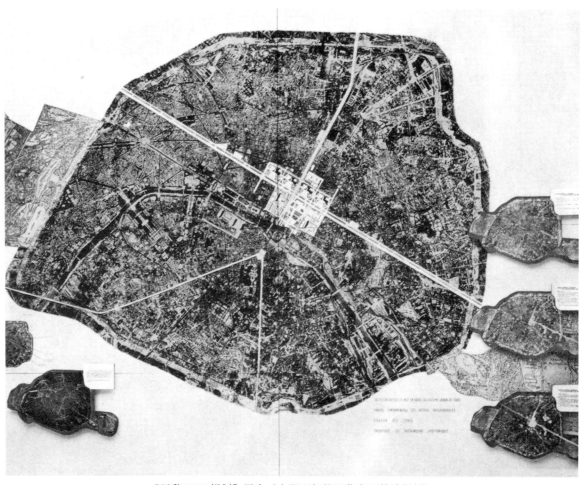

"巴黎1937规划"展台（立即可行的巴黎市区整治规划）

"不洁的住宅群No.6"全景

"不洁的住宅群No.6"展台

152　方案D：迈罗门的新时代馆，1936年

　　柯布的展板（约100m²），构成4块装饰沙龙（预留一个"会谈的沙龙"，而不是由于不自信把空间填得满满当当）的展板之一，这4块展板的设置是为了能够生动形象地展示前一个展台的示意图所呈现的城市规划的4项功能（此图为"居住"的功能）。

　　馆内的全部设施（1600m²的图片资料的展示）可以归纳为两组标准的胶合壁板：3.50m × 1.00m 的展板，配以3.50m × 0.40m 与顶棚呈直角的填充板；3.00m × 1.00m 的展板，配以3.00m × 0.40m 与顶棚呈直角的填充板。

方案 D：迈罗门的新时代馆，1936 年

"农田改组"展台

Piacé 合作村庄规划，复制于左侧，36m²

色彩是一种巨大的力量：正对入口的墙，鲜红色；左侧的墙，绿色；右侧的墙，深灰色；入口处的墙，蓝色。地面，明黄色的砂砾；顶棚，涂有厚厚一层油脂的帆布，鲜黄色。展示 1600m² 的图片资料，以色彩为背景：巨大的壁画，效果强烈的示意图展板以及灵活布置的图表和照片等（儿童画《收获》——复制于右侧，50m²）。

朝向入口的主厅

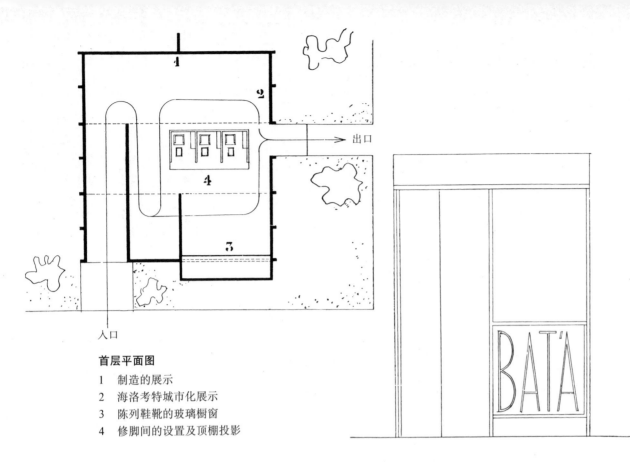

巴黎国际博览会"Bat'a"展馆方案，1937年

建造：工字钢柱支承，玻璃顶棚。内墙采用标准的展板（框架及胶合板），表面覆以图片资料。在"修脚间"上方营造昏暗的氛围以便投放电影。

外墙覆以棕褐色皮革，呈鳞状排列，如同巨大的瓦片。这个展馆没有得到批准，未能实施。

首层平面图
1. 制造的展示
2. 海洛考特城市化展示
3. 陈列鞋靴的玻璃橱窗
4. 修脚间的设置及顶棚投影

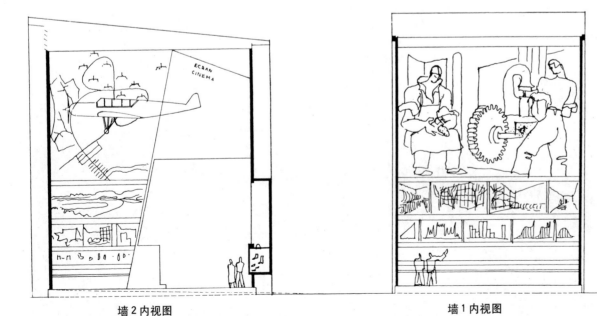

墙2内视图　　　墙1内视图　　　墙3内视图

巴黎国际博览会"Bat'a"展馆方案，1937年   155

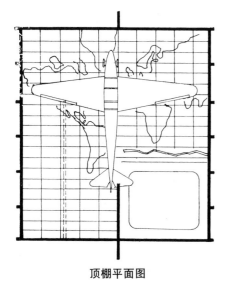

顶棚平面图

墙4内视图　　修脚间

Bat'a展馆的室内：一个优美的盒子，比例匀称，根据预先考虑的展示作合理的划分。飞机，在Bat'a工厂扮演一个重要的角色，它被悬于地球平面球形展开图之下

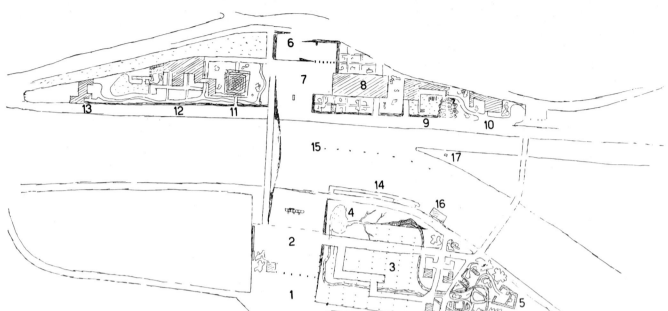

默兹河与阿尔贝运河在陡峭河岸形成的高堤之间流淌。河堤比原先的地面高出 4~5m。正是这一点启发我们提出一个绝妙的关于交通的解决方案

平面上的5、8、9、10、11、12、13是展览中用途多少有些混杂的建筑。柯布创造性的想法主要体现于3、4、1、2、6和7

"水季",列日博览会,1939 年

1937 年 8 月,列日(比利时首府)博览委员会请柯布就展览的整体概念提一些个人想法。

他提出的论点受到热情的欢迎。理论上,展览的监管已经委托给柯布——但遭到布鲁塞尔首相的否决:"一个法国人,不应当介入进来……"

构思:在6和1两个入口之间,创建不同标高的平面,这将为整个展示注入"气息"。展示:自然和人类文明中水的历史。不是被分割成众多离散的展馆,而是聚集在一种全新的建筑形式下:一个无边的大殿,由稀疏的几根柱撑起一个半柔性的顶棚。这顶棚如同一个钢制的遮阳篷,通过设计,它自身能够提供充分且必要的光源。大殿的后面和两侧被围合,前面则向着风景敞开,面向默兹河(Meuse)和"矸石堆"——为高原加冕的棱锥。展区位于水平面2,由此望去,透过"剖开的山体"4,可以看到水体现象,例如罗纳河(Rhône);从水平面2可以下到展区3;湖泊位于4,作为水循环的起点,观者将乘船穿过展区3。

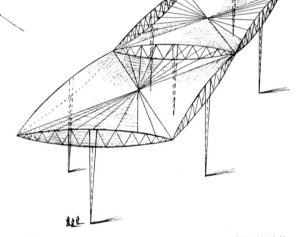

大殿的结构

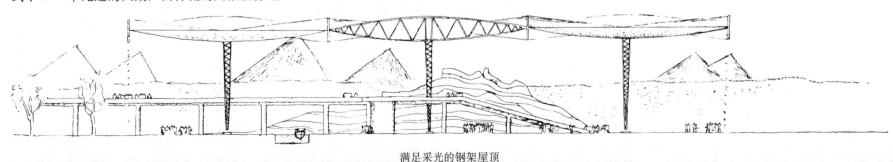

满足采光的钢架屋顶

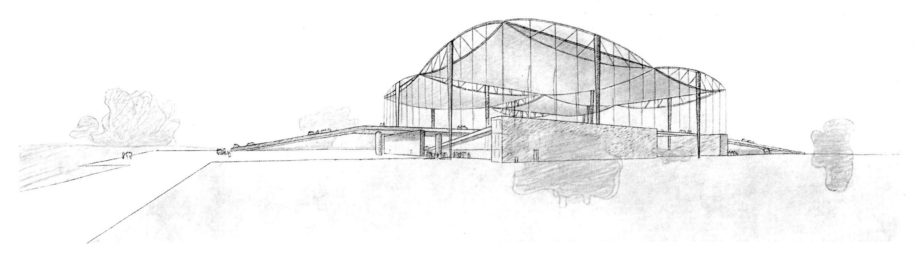

旧金山或列日的法国馆方案，1939年

当局和公使表示希望将法国馆的建造委托给柯布，但"公仆"和高官却另有打算。

在柯布和皮埃尔看来，近代的博览会都陷入了"赝品"的泥沼之中，它们只是试图模仿真实，模仿"真实"建造的住宅或宫殿。

他俩的想法则截然不同，他们宁愿重拾19世纪世界博览会的伟大传统（钢铁和玻璃），他们要创造这样的"展示场所"，它利于视野，利于交通，利于激发一种因建筑而生的感动——这感动源自提出的解答之坦率。这便是呈现的方案，其实施将采用电焊钢板。

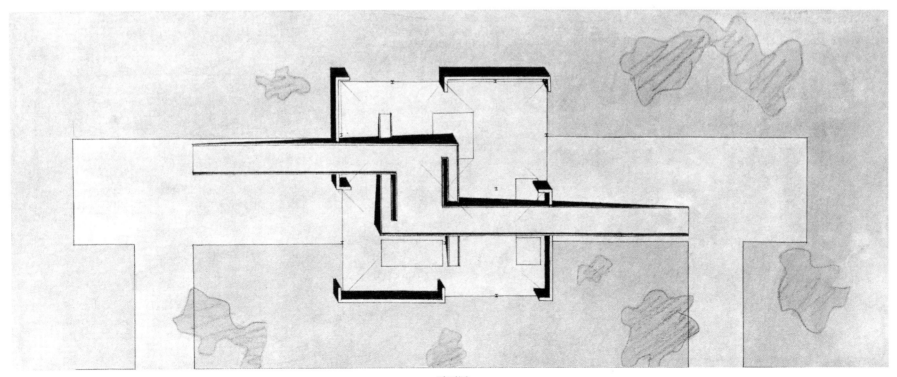

平面图

勒·柯布西耶全集
8卷总目录
（按年代排序）

第1卷·1910~1929年
W·博奥席耶 O·斯通诺霍 编著

第二版引言
第一版引言
1907年	学习和旅行速写
1910年	艺匠作坊
1914~1915年	"多米诺"住宅
1915年	罗讷河上的Butin桥，毗邻日内瓦
1916年	滨海别墅
1919年	Troyes现浇混凝土住宅
1920年	整体"Monol"住宅
	雪铁龙住宅
	《新精神》
1922年	300万人口的当代城市
	"别墅公寓"
	雪铁龙住宅（秋季沙龙展）
	Vaucresson别墅
	艺术家住宅
	批量生产的工匠住宅
	画家奥赞方住宅，巴黎
	欧特伊的双宅（初稿方案）
1924年	秋季沙龙：朗布耶的周末住宅（模型）
1923~1924年	欧特伊的双宅(拉罗歇-让纳雷住宅)
	标准化住宅
1924年	里普希茨-米斯查尼诺夫住宅，塞纳河畔的布洛涅区
1925年	Audincourt居住区
	大学城学生公寓
	莱芒湖畔小别墅
	花园城的"蜂房"居住区
	《呼吁工业家》
	佩萨克
	迈耶别墅，巴黎
	"别墅公寓"
	"新精神馆"，巴黎
	巴黎"瓦赞规划"
1926年	布洛涅的艺术家小住宅
	巴黎救世军"人民宫"宿舍
	"最小"住宅方案
	《新建筑五点》
	库克住宅，塞纳河畔的布洛涅区
	Guiette住宅，安特卫普
1927年	加歇别墅
	魏森霍夫居住区的两栋住宅，斯图加特
	家具
	巴黎Plainex住宅
1927~1929年	日内瓦国际联盟宫方案
1928年	雀巢亭
	CIAM萨尔茨堡首届年会
	迦太基别墅
	莫斯科中央局大厦
1928~1929年	日内瓦"别墅公寓"（Wanner项目）
	出租公寓
	艺术家公寓
	Avray城的别墅扩建
1929年	萨伏伊别墅，普瓦西
	Mundaneum方案
	世界城方案
	卢舍尔住宅
	M.X.别墅，布鲁塞尔
	"世界城"全景

第2卷·1929~1934年
W·博奥席耶 编著

专业术语表（法英汉对照）
序 言
引 言
1929~1931年	萨伏伊别墅，普瓦西
1929年	救世军的漂浮庇护所，巴黎
1928~1935年	莫斯科中央局大厦
1929年	秋季沙龙（家具）
1930年	Errazuris先生的住宅，智利
1930~1931年	Charles de Beistegui先生的寓所，巴黎
	Mandrot女士的别墅，Pradet
	巴黎迈罗门规划方案
1930~1932年	"光明"公寓，日内瓦
1931年	当代艺术博物馆，巴黎
1930~1932年	巴黎大学城瑞士馆
1932年	巴塞罗那"Macia规划"
1922~1930年	巴黎"瓦赞规划"
1932年	苏黎世出租公寓方案，苏黎世角
1932~1933年	巴黎庇护城

《一种新的城市要素的数量级，一种新的居住单位》
1931年	苏维埃宫，莫斯科
1929年	南美城市化研究
1930年	阿尔及尔的城市化，方案A
1933年	Molitor门的出租公寓，巴黎
	日内瓦河右岸的城市化
	斯德哥尔摩的城市化
	埃斯考河左岸的城市化，安特卫普
1933~1934年	Oued-Ouchaïa居住区，阿尔及尔
1933年	阿尔及尔的出租公寓
1933~1934年	阿尔及尔的城市化，方案B和方案C
1933年	人寿保险公司大厦方案，苏黎世
1934年	农田改组：合作村庄
1933年	阿尔及尔的两座"高架桥"
	阿尔及尔的小住宅
	巴塞罗那临时工人居住区
1932~1933年	苏黎世工人公寓方案
1934年	勒·柯布西耶在意大利

第3卷・1934~1938年
马克思・比尔　编著

序　言

勒・柯布西耶：生物学家，社会学家

《关于福特的思考》

《巨大的浪费》

1934年	讷穆尔的城市化，北非
1935年	"光辉城市"居住区的一个局部
	海洛考特的城市化
	Zlin谷的控制性规划方案
1936年	关于当代城市规划构成要素的研究，里约热内卢
	巴西大学城规划，里约热内卢
	"巴黎1937规划"
	不洁的住宅群No.6，巴黎
1938年	St-Cloud桥头的城市化，塞纳河畔的布洛涅区
	指导性规划，布宜诺斯艾利斯

《当局不知情》

《给曼哈顿的建议》

1922年	笛卡儿摩天楼，法国
1936年	国家教育与公共卫生部大厦，里约热内卢
1935年	巴黎城市及国家博物馆方案
1936~1937年	10万人国民欢庆中心方案，巴黎
1935年	激浪泳场方案，业主Badjarah，阿尔及尔
	讷穆尔的拓殖建筑，北非
	Fabert大街出租公寓，巴黎
1938年	阿尔及尔城市化续篇（商业城）
1934~1938年	农田改组：合作村庄
1936年	Bat'a专卖店（标准化）
1935年	青年公寓的家具构成，布鲁塞尔博览会
	巴黎市郊的一栋周末住宅
1929年	"我的家"
1935年	芝加哥一位中学校长的寓所方案

	Mathes（临海）住宅
1932~1936年	巴黎1937年国际博览会：
	方案A：温森纳国际居住展（1932年）
	方案B：凯勒芒棱堡的一个居住单位（1934~1935年）
	方案C：当代审美中心（1935年）
1935年	"原始"艺术展
1936年	方案D：迈罗门的新时代馆
1937年	巴黎国际博览会"Bat'a"展馆方案
1939年	"水季"，列日博览会
	旧金山或列日的法国馆方案

第4卷・1938~1946年
W・博奥席耶　编著

序　言

第二版引言

1937~1938年	瓦扬・库迪里耶纪念碑
1937年	贾奥尔住宅，塞纳河畔的讷伊
1938~1939年	伦敦"理想家园"展
1939年	无限生长的博物馆方案，北非菲利普维尔
	罗斯科夫生物研究所
	政府广场，塞纳河畔的布洛涅区
	克拉克・阿朗戴尔住宅
	Vars山谷的冬夏体育活动中心
1940年	S.P.A.　兰尼美赞工头住宅
	S.P.A.　兰尼美赞工程师住宅
1939~1940年	M.A.S.　装配式住宅
1942年	阿尔及尔指导性规划
1938~1942年	阿尔及尔马林区

《走向综合》

线形工业城

1944年	"绿色工厂"
1936~1945年	国家教育及公共卫生部大厦，里约热内卢
1946年	奥斯卡・尼迈耶和卢西奥・科斯塔的来信
1940年	巴黎"海外法兰西"展
	"Murondins"住宅
	便携式学校

《采光问题："遮阳"》

"遮阳"

没有设"遮阳"的例子

1942年	农垦区内的宅邸，北非
1944年	临时居住单位
	"临时"建筑
	解放期间的过渡性临时住宅
1945年	圣迪埃的城市化

《关于一个屋顶花园的报告》；《屋顶花园？》

1945年	巴黎规划

第5卷·1946~1952年
W·博奥席耶 编著

1946年	城市规划	
《造型》		
画家柯布西耶		
柯布西耶的壁画		
1945~1946年	圣果当的城市化	
	拉罗歇尔－帕利斯的城市化	
模度（Modulor）		
1945年	"尺度相当的居住单位"（初稿方案）	
1946年	"尺度相当的居住单位"（实施方案）	
1947~1949年	"马赛尺度相当的居住单位"	
1946年	纽约联合国总部大厦	
1947年	纽约联合国常驻总部规划	
1946年	建筑和现代机场	
作家柯布西耶		

序　言
引　言

1946~1951年	圣迪埃制衣厂
1948年	圣博姆（"徒安事件"）
1947年	纽约联合国总部大厦
	CIAM 城市规划表格
1950年	波哥大的城市化方案，哥伦比亚
1949年	库鲁切特医生住宅，阿根廷
	燕尾海角的"Roq"和"Rob"
1952年	燕尾海角的小木屋
1950年	富埃特教授的住宅，瑞士恒湖湖畔
	主导艺术的综合——"迈罗门1950"方案，巴黎
1950~1954年	朗香教堂，圣母高地
1947年	马赛－维伊合和马赛老港的城市化方案
	城市规划和7V（道路交通循环）规则
1951年	马赛南的城市化
	斯特拉斯堡800户住宅的设计竞赛
1951~1954年	旁遮普新首府的诞生，昌迪加尔
	最初的研究
	议会大厦
	城市化方案和政府广场的定稿方案
	大法院
	秘书处（部委所在地）
	总督府
	为大法院设计的一张挂毯
	标志
	"张开的手"
	雇工住宅
1952年	艾哈迈达巴德1个博物馆和4个住宅，印度
1952~1953年	南特－雷泽的居住单位
1951年	柯布西耶作品展，纽约现代艺术博物馆
1952~1953年	贾奥尔住宅，塞纳河畔的讷伊

模度（Modulor）	
"酒瓶"	
保温，通风，隔声	
阳光与阴影	
1946~1952年	马赛的居住单位
造型与诗意	
绘画	
1947年	巴黎塞维大街35号的壁画
1948年	巴黎大学城瑞士馆内的壁画
挂毯	
勒·柯布西耶与萨维纳	

第6卷·1952~1957年
W·博奥席耶　编著

引　言

造型作品

1950~1955年	朗香教堂，圣母高地
1957年	拉图雷特修道院（建造中），埃沃
1951~1957年	昌迪加尔
	政府广场
	大法院（1952~1956年）
	秘书处（1952~1956年）
	"张开的手"
	议会大厦（建造中）
	总督府（建造中）

柯布西耶事务所的气候表格

昌迪加尔的树木种植

1955年	马诺拉玛·萨拉巴伊女士的别墅，艾哈迈达巴德

挂毯

1955~1956年	肖特汉别墅，艾哈迈达巴德
1954~1957年	艾哈迈达巴德棉纺织协会总部
	艾哈迈达巴德文化中心：博物馆（建造中）
1957年	东京国家西方美术馆

"尺度相当的居住单位"

	南特（1952~1953年）
	布里埃森林（1957年）
	柏林（1956年）
	莫城（1956年）
1958年	布鲁塞尔博览会飞利浦馆
	巴黎大学城巴西学生公寓

50个金属盒子构成的居住区

1954~1956年	贾奥尔住宅，塞纳河畔的讷伊

第7卷·1957~1965年
W·博奥席耶　编著

《致我的巴西朋友》

勒·柯布西耶

1964~1965年	巴西利亚法国大使馆方案
	苏黎世的一个展览馆
1957~1960年	拉图雷特修道院，埃沃
1961~1964年	哈佛大学视觉艺术中心，马萨诸塞州坎布里奇，美国
1950~1965年	昌迪加尔：旁遮普的新首府
1963~1964年	奥利维蒂电子计算中心，米兰-罗城
1960~1965年	斐米尼青年文化中心
	斐米尼-维合特居住单位
	斐米尼-维合特的圣皮埃尔教堂
1965年	新威尼斯医院
1964年	斯特拉斯堡国会大厦
1963年	爱伦巴赫国际艺术中心，美因河畔法兰克福附近
1962年	斯德哥尔摩展览馆（Ahrenberg宫）
1957~1959年	东京国家西方美术馆
	巴西学生公寓，巴黎大学城

《一个世界的终结》

居住单位

1961年	巴黎-奥赛
	柏林城市规划国际竞赛

第8卷·1965~1969年
W·博奥席耶　编著

序　言

1960~1969年	斐米尼-维合特
	居住单位（1963~1968年）
	青年文化中心（1960~1965年）
	圣皮埃尔教堂方案
	体育场（1965~1969年）
1959~1962年	坎贝-伲佛闸口
1952~1969年	昌迪加尔，旁遮普的新首府
	政府广场（1952~1965年）
	认知博物馆方案
	阴影之塔方案
	大法院的附属建筑（1960~1965年）
	苏克那湖水上俱乐部（1963~1965年）
	苏克那湖和散步大道（1958~1964年）
	城市中心商业区（1958~1969年）
	艺术品陈列馆（1964~1968年）
	建筑学校和艺术学校（1964~1969年）
	住宅（1952年）
	雇工住宅
	议会大厦和大法院的挂毯与声学环境
1964~1965年	新威尼斯医院方案
1963~1967年	苏黎世柯布西耶中心
1958~1965年	喜马拉雅山中的帕克拉大坝，印度
1965年	20世纪博物馆，楠泰尔，巴黎

《惟有思想可以流传》

皮埃尔·让纳雷

缅怀柯布西耶

勒·柯布西耶生平概述